高职高专测绘类专业“十二五”规划教材·规范版

教育部测绘地理信息职业教育教学指导委员会组编

测绘工程管理

主　编　杨爱萍

副主编　何希纯　董　悦

图书在版编目(CIP)数据

测绘工程管理/杨爱萍主编;何希纯,董悦副主编.—武汉:武汉大学出版社,2013.2(2023.1 重印)
高职高专测绘类专业“十二五”规划教材·规范版
ISBN 978-7-307-10403-7

Ⅰ.测…　Ⅱ.①杨…　②何…　③董…　Ⅲ.工程测量—高等职业教育—教材　Ⅳ.TB22

中国版本图书馆 CIP 数据核字(2012)第 318691 号

责任编辑:王金龙　　责任校对:刘　欣　　版式设计:马　佳

出版发行:**武汉大学出版社**　(430072　武昌　珞珈山)
(电子邮箱:cbs22@whu.edu.cn 网址:www.wdp.com.cn)
印刷:湖北金海印务有限公司
开本:787×1092　1/16　印张:8　字数:187 千字　插页:1
版次:2013 年 2 月第 1 版　　2023 年 1 月第 5 次印刷
ISBN 978-7-307-10403-7/TB·43　　定价:18.00 元

高职高专测绘类专业 “十二五”规划教材·规范版
编审委员会

序

武汉大学出版社根据高职高专测绘类专业人才培养工作的需要，于 2011 年和教育部高等教育高职高专测绘类专业教学指导委员会合作，组织了一批富有测绘教学经验的骨干教师，结合目前教育部高职高专测绘类专业教学指导委员会研制的“高职测绘类专业规范”对人才培养的要求及课程设置，编写了一套《高职高专测绘类专业“十二五”规划教材·规范版》。该套教材的出版，顺应了全国测绘类高职高专人才培养工作迅速发展的要求，更好地满足了测绘类高职高专人才培养的需求，支持了测绘类专业教学建设和改革。

当今时代，社会信息化的不断进步和发展，人们对地球空间位置及其属性信息的需求不断增加，社会经济、政治、文化、环境及军事等众多方面，要求提供精度满足需要，实时性更好、范围更大、形式更多、质量更好的测绘产品。而测绘技术、计算机信息技术和现代通信技术等多种技术集成，对地理空间位置及其属性信息的采集、处理、管理、更新、共享和应用等方面提供了更系统的技术，形成了现代信息化测绘技术。测绘科学技术的迅速发展，促使测绘生产流程发生了革命性的变化，多样化测绘成果和产品正不断努力满足多方面需求。特别是在保持传统成果和产品的特性的同时，伴随信息技术的发展，已经出现并逐步展开应用的虚拟可视化成果和产品又极好地扩大了应用面。提供对信息化测绘技术支持的测绘科学已逐渐发展成为地球空间信息学。

伴随着测绘科技的发展进步，测绘生产单位从内部管理机构、生产部门及岗位设置，进而相关的职责也发生着深刻变化。测绘从向专业部门的服务逐渐扩大到面对社会公众的服务，特别是个人社会测绘服务的需求使对测绘成果和产品的需求成为海量需求。面对这样的形势，需要培养数量充足，有足够的理论支持，系统掌握测绘生产、经营和管理能力的应用性高职人才。在这样的需求背景推动下，高等职业教育测绘类专业人才培养得到了蓬勃发展，成为了占据高等教育半壁江山的高等职业教育中一道亮丽的风景。

高职高专测绘类专业的广大教师积极努力，在高职高专测绘类人才培养探索中，不断推进专业教学改革和建设，办学规模和专业点的分布也得到了长足的发展。在人才培养过程中，结合测绘工程项目实际，加强测绘技能训练，突出测绘工作过程系统化，强化系统化测绘职业能力的构建，取得很多测绘类高职人才培养的经验。

测绘类专业人才培养的外在规模和内涵发展，要求提供更多更好的教学基础资源，教材是教学中的最基本的需要。因此面对“十二五”期间及今后一段时间的测绘类高职人才培养的需求，武汉大学出版社将继续组织好系列教材的编写和出版。教材编写中要不断将测绘新科技和高职人才培养的新成果融入教材，既要体现高职高专人才培养的类型层次特征，也要体现测绘类专业的特征，注意整体性和系统性，贯穿系统化知识，构建较好满足现实要求的系统化职业能力及发展为目标；体现测绘学科和测绘技术的新发展、测绘管理与生产组织及相关岗位的新要求；体现职业性，突出系统工作过程，注意测绘项目工程和生产中与相关学科技术之间的交叉与融合；体现最新的教学思想和高职人才培养的特色，在传统的教材基础上勇于创新，按照课程改革建设的教学要求，让教材适应于按照“项目教学”及实训的教学组织，突出过程和能力培养，具有较好的创新意识。要让教材适合高职高专测绘类专业教学使用，也可提供给相关专业技术人员学习参考，在培养高端技能应用性测绘职业人才等方面发挥积极作用，为进一步推动高职高专测绘类专业的教学资源建设，作出新贡献。

按照教育部的统一部署，教育部高等教育高职高专测绘类专业教学指导委员会已经完成使命，停止工作，但测绘地理信息职业教育教学指导委员会将继续支持教材编写、出版和使用。

教育部测绘地理信息职业教育教学指导委员会副主任委员

二〇一三年一月十七日

前　言

本教材按照《高职高专测绘类专业“十二五”规划教材·规范版》编委会的安排，为适应高等职业教育教学改革与发展的需要，根据教育部《关于推进高等职业教育改革创新引领职业教育科学发展的若干意见》（教职成［2011］12号）文件精神和教育部高职高专测绘类专业教学指导委员会“高职测绘类专业规范”对本课程的基本要求进行编写。

本书重点介绍了测绘工程项目的合同管理、组织与施工、成本控制、进度控制与质量控制、测绘行业、测绘企业的管理等内容。为便于学习，书中还收录了测绘法、基础测绘条例、测绘合同等相关资料。

本书内容实质上是高职高专测绘类专业学生所学专业课的拓展和延伸，力图实现科学性、先进性和职业性的有机统一，突出测绘工程管理实际能力的培养，满足高职测绘类专业“测绘工程管理”课程“教中学、学中做”的教学需要，具有高职教材鲜明的“工学结合”特色。

教材参考了大量相关专业文献，引用了部分教材的内容，在此一并致以真诚的谢意。

本书由江西应用技术职业学院杨爱萍教授担任主编，何希纯（江西应用技术职业学院）、董悦（辽宁省交通高等专科学校）担任副主编。编写人员分工如下：前言、第1章的第1、4节、第4章的第3节、第5章的第3节由杨爱萍编写；第1、3、4、5、6章的其他章节由何希纯编写；第2、7章由董悦编写。初稿完成后，最后由杨爱萍修改定稿。

限于编者水平、经验及时间，书中难免存在疏漏甚至错误之处，热忱希望使用本教材的老师和广大读者提出宝贵意见，以便进一步修正与完善。

编　者

2012年9月

目　　录

第 1 章　测绘工程管理概述

1.1　测绘工程管理的基本概念

管理活动的实现，需要具备的基本条件是：应当有明确的管理“执行者”，也就是必须有具备一定资质条件和技术力量的管理单位或组织；应当有明确的行为“准则”，它是管理的工作依据；应当有明确的被管理“行为”和被管理的“行为主体”，它是管理的对象；应当有明确的管理目的和行之有效的思想、理论、方法和手段。

根据管理的概念，不难得出测绘工程管理的概念。

测绘工程管理是指针对测绘工程项目实施，社会化、专业化的测绘工程单位与相关责任方签订的测绘工程合同所实施测绘工程生产活动，根据国家有关测绘工程的法律、法规和测绘工程合同所进行的旨在实现项目投资目的的微观管理活动。

1.1.1　测绘工程管理概念要点

①测绘工程管理是针对测绘工程项目所实施的管理活动；

②测绘工程管理的行为主体是具备相应资质条件的测绘工程单位；

③测绘工程管理是有明确依据的管理行为；

④测绘工程管理主要发生在测绘工程项目实施阶段；

⑤测绘工程管理是微观性质的管理活动。

1.1.2　测绘工程管理的性质

测绘工程管理具有以下性质：

1. 服务性

测绘工程管理既不同于测绘工程的直接生产活动，也不同于业主的直接投资活动。它既不是工程承包活动，也不是工程发包活动。它不需要投入大量资金、材料、设备、劳动力。它只是在测绘工程项目实施过程中，利用自己的测绘工程方面的知识、技能和经验为测绘工程实施过程中进行管理，以满足在一定约束条件下效益最大化。

测绘工程管理的服务性使它与政府主管部门对测绘工程实施过程中行政性监督管理活动区别开来。

测绘工程管理与政府主管部门的质量监督都属于测绘工程领域的监督活动。但是，前者属于测绘单位自身在满足一定约束条件下行为，后者属于政府行为。因此，它们在性质、执行者、任务、范围、工作深度和广度以及方法、手段等多方面存在着明显差异。

政府主管部门的专业执行机构实施的是一种强制性政府监督行为。就工作范围而言，测绘工程管理工作范围伸缩性较大，它是全过程、全方位的管理，包括目标规划、动态控制、组织协调、合同管理、信息管理等一系列活动，而政府质量监督则只限于测绘工程质量监督，且工作范围变化较小，相对稳定。

两者的工作方法和手段不完全相同，测绘工程管理主要采用组织管理的方法，从多方面采取措施进行项目进度控制、质量控制。而政府工程质量监督则更侧重于行政管理的方法和手段。

2. 科学性

测绘工程管理的科学性是由其任务所决定的。测绘工程管理以力求在预定的进度，质量目标内控制成本实现工程项目。所以，只有不断地采用新的更加科学的思想、理论、方法、手段才能驾驭测绘工程项目。

测绘工程管理的科学性是由工程项目所处的外部环境特点决定的。

测绘工程项目总是处于动态的外部环境包围之中，无时无刻都有被干扰的可能。诸如测绘外业生产受气候因素制约。因此，测绘工程管理要适应千变万化的项目外部环境，要抵御来自它的干扰的可能，这就要求具有应变能力，要进行创造性的工作。

1.1.3 测绘工程管理的指导思想

1. 测绘工程管理的中心任务

测绘工程管理的中心任务就是控制工程项目目标，也就是控制经过科学地规划所确定的测绘工程项目的成本控制、进度控制和质量目标。这三大目标是相互关联、互相制约的目标系统。因此，目标控制应当成为测绘工程管理的中心任务。

2. 测绘工程管理的基本方法

测绘工程管理的基本方法是一个系统，它由不可分割的若干个子系统组成。它们相互联系，互相支持，共同运行，形成一个完整的方法体系。这就是目标规划、动态控制、组织协调、信息管理、合同管理。

（1）目标规划

这里所说的目标规划是以实现目标控制为目的的规划和计划。它是围绕测绘工程项目投资、进度控制和质量目标进行研究确定、分解综合、安排计划、风险管理、制定措施等工作的集合。目标规划是目标控制的基础和前提，只有做好目标规划的各项工作才能有效实施目标控制。目标规划得越好，目标控制的基础就越牢，目标控制的前提条件也就越充分。

（2）动态控制

动态控制是开展测绘工程项目活动时采用的基本方法。动态控制工作贯穿于测绘工程项目的整个过程中。

所谓动态控制，就是在完成测绘工程项目的过程当中，通过对过程、目标和活动的跟踪，全面、及时、准确地掌握测绘工程信息，将实际目标值和工程状况与计划目标和状况进行对比，如果偏离了计划和标准的要求，就采取措施加以纠正，以便达到计划总目标的实现。这是一个不断循环的过程，直至项目完成。

(3) 组织协调

在实现测绘工程项目的过程中，管理者要不断进行组织协调，它是实现项目目标不可缺少的方法和手段。

组织协调与目标控制是密不可分的，协调的目的就是为了实现项目目的。

(4) 信息管理

测绘工程管理离不开测绘工程信息。在实现的过程中，管理者要对所需要的信息进行收集、整理、处理、存储、传递、应用等一系列工作，这些工作总称为信息管理。

信息管理对测绘工程管理是十分重要的。管理者在开展工作当中要不断预测或发现问题，要不断地进行规划、决策、执行和检查。而做好这每项工作都离不开相应的信息。规划需要规划信息，决策需要决策信息，执行需要执行信息，检查需要检查信息。

(5) 合同管理

合同管理对于测绘工程管理是非常重要的。根据国外经验，合同管理产生的经济效益往往大于技术优化所产生的经济效益。一项工程合同，应当对参与项目的各方行为起到控制作用，同时具体指导一项工程合同如何操作完成。所以从这个意义上讲，合同管理起着控制整个项目实施的作用。例如，按照 FIDIC《土木工程施工合同条件》实施的工程，通过 72 条，194 项条款，详细地列出了在项目实施过程中所遇到的各方面的问题，并规定了合同各方在遇到这些问题时的权利和义务。

1.1.4 测绘工程管理的目的

测绘工程管理的目的，就是通过管理者谨慎而勤劳的工作，力求在成本控制、进度和质量目标内实现测绘工程项目。

1.2 测绘工程师

1.2.1 基本介绍

我国现实行注册测绘师制度，该制度于 2007 年建立，根据《中华人民共和国测绘法》，由原人事部、国家测绘局共同颁布了注册测绘师制度的有关规定及配套实施办法。采用考核的办法，经注册测绘师资格考核认定工作领导小组复核并公示后获得注册测绘师资格。

首批注册测绘师的产生，标志着这一制度进入实施阶段，对于加强测绘行业的管理、提高测绘专业人员素质、规范测绘行为、保证测绘成果质量、推动我国测绘工程技术人员走向国际测绘市场具有重要意义。

1.2.2 职业定义

测绘工程师是指掌握测绘学的基本理论、基本知识和基本技能，具备地面测量、海洋测量、空间测量、摄影测量与遥感以及地图编制等方面的知识，能在国民经济各部门从事国家基础测绘建设、陆海空运载工具导航与管理、城市和工程建设、矿产资源勘察与开发、国土资源调查与管理等测量工作、地图与地理信息系统的设计、实施和研究，在环境保护与灾害预防及地球动力学等领域从事研究、管理、教学等方面工作的工程技术人才。

1.2.3 执业范围

①测绘项目技术设计；
②测绘项目技术咨询和技术评估；
③测绘项目技术管理、指导与监督；
④测绘成果质量检验、审查、鉴定；
⑤国务院有关部门规定的其他测绘业务。

对已在须由取得执业资格人员充任的关键岗位工作、但尚未取得《执业资格证书》的人员，要进行强化培训，限期达到要求。对经过培训仍不能取得执业资格者，必须调离关键岗位。

根据规定，测绘执业资格通过考试方法取得，实行全国统一大纲、统一命题，考试每年举行一次。考试设 3 个科目，分别为“测绘综合能力”、“测绘管理与法律法规”和“测绘案例分析”，考试成绩在一个考试年度内全部合格，可获得注册测绘师资格证书，证书全国有效。

经考试取得证书者，受聘于一个具有测绘资质的单位，经过注册后，才可以注册测绘师的名义执业。测绘活动中的关键岗位需由注册测绘师来担任，在测绘活动中形成的技术设计和测绘成果质量文件，必须由注册测绘师签字并加盖执业印章后方可生效。

1.2.4 资格考试

由国家测绘地理信息局职业技能鉴定指导中心组织编写，注册测绘师资格考试教材编审委员会审定的注册测绘师资格考试辅导教材《测绘管理与法律法规》、《测绘综合能力》和《测绘案例分析》现已全部由测绘出版社出版发行。

1. 《测绘管理与法律法规》

内容由测绘法律法规、测绘项目管理两大篇组成。其中测绘法律法规篇包括 7 章内容，测绘项目管理篇包括 6 章内容。

2. 《测绘综合能力》

内容由大地测量、工程测量、摄影测量与遥感、地图编制、地理信息系统工程、地籍测绘、界线测绘、房产测绘、测绘航空摄影、海洋测绘 10 大篇组成。

3. 《测绘案例分析》

内容由大地测量、工程测量、摄影测量与遥感、地图编制、地理信息系统、地籍测绘、界线测绘、房产测绘、测绘航空摄影、海洋测绘 10 章组成。每章均列出了基本要求、案例、分析要点、样题和参考答案。

应试人员必须在一个考试年度内参加全部三个科目的考试并合格，方可获得注册测绘师资格证书。

1.2.5 报考条件

凡中华人民共和国公民，遵守国家法律、法规，恪守职业道德，并具备下列条件之一的，可申请参加注册测绘师资格考试：

取得测绘类专业大学专科学历，从事测绘业务工作满6年可报考；取得其他理工类专业大学专科学历，从事测绘业务工作满8年可报考。取得测绘类专业大学本科学历，从事测绘业务工作满4年可报考；取得其他理工类专业大学本科学历，从事测绘业务工作满6年可报考。取得含测绘类专业在内的双学士学位或者测绘类专业研究生班毕业，从事测绘业务工作满3年可报考；取得其他理工类专业的双学士学位或者研究生班毕业，从事测绘业务工作满5年可报考。取得测绘类专业硕士学位，从事测绘业务工作满2年可报考；取得其他理工类专业硕士学位，从事测绘业务工作满4年可报考。取得测绘类专业博士学位，从事测绘业务工作满1年；取得其他理工类专业博士学位，从事测绘业务工作满3年可报考。具体规定请参见国家测绘局网站重要规范性文件栏目的《注册测绘师制度暂行规定》一文。特别说明，报考条件中的工作年限指的是累计工作时间，即获取相关学位前后的工作经历都算在内。

1.3 测绘工程企业

1.3.1 企业的含义及类型

1. 企业的含义

企业是社会生产力发展到一定历史阶段的产物，并且随着人类社会的进步、商品经济的发展和科学技术水平的提高而不断发展成现代社会的基本经济单位。

关于企业的概念，国内外至今还没有一个统一的表述。通常所说的企业，一般是指从事生产、流通或服务等活动，为满足社会需要进行自主经营、自负盈亏、承担风险、实行独立核算，具有法人资格的基本经济单位。

从这个意义上理解，作为一个企业，它必须具备以下一些基本要素：

(1) 拥有一定数量、一定技术等级的生产设备和资金。

(2) 具有开展一定生产规模和经营活动的场所。

(3) 具有一定技能、一定数量的生产者和经营管理者。

(4) 从事社会商品的生产、流通等经济活动。

(5) 进行自主经营，独立核算，并具有法人地位。

(6) 生产经营活动的目的是获取利润。

任何企业都应具有以上这六个方面的基本要素，而其中最本质的是：企业的生产经营活动要获取利润（经济效益）。

2. 企业的类型

根据企业的经营方向不同、经营内容不同、经营方法不同、技术基础不同，可以把企业分为不同的类型。

(1) 工业企业

工业企业是最早出现的企业，是为满足社会需要并获得盈利，从事工业性生产经营活动或工业性劳务活动，自主经营、自负盈亏、独立核算并且有法人资格的经济组织。

测绘企业属于工业企业，它既具有劳务活动性质，又具有技术服务的性质，同时也具有加工企业的性质。

(2) 农业企业

农业企业是指从事农、林、牧、副、渔业等生产经营活动，具有较高的商品率，实行自主经营、独立经济核算，具有法人资格的盈利性的经济组织。

(3) 运输企业

运输企业是指利用运输工具专门从事运输生产或直接为运输生产服务的企业。运输企业可分为铁路运输企业、公路运输企业、水上运输企业、民用航空运输企业以及联合运输企业等。

(4) 建筑安装企业

建筑安装企业主要从事土木建筑和设备安装工程施工，包括建筑公司、工程公司、建设公司、建设管理公司。

(5) 邮电企业

邮电企业是指通过邮政和电信传递信息并办理通信业务的企业。邮电企业不生产任何的实物产品，它是通过信息空间位置的转移，为用户提供服务。

(6) 商业企业

商业企业是指社会再生产过程中专门从事商品交换活动的企业。通过商业企业的买卖活动，把商品从生产领域送到消费领域实现商品的使用价值，并从中获得盈利。

(7) 旅游企业

旅游企业是指凭借旅游资源，以服务设施为条件，通过组织旅游活动向游客出售劳务并从中获取利润的服务性企业，它具有投资少、利润高、收效快的特点。

(8) 金融企业

金融企业是指专门经营货币和信用业务的企业。其金融业务包括：吸收存款，发放贷款，发行有价证券，从事保险，投资信托业务，发行信用流通工具（银行券、支票），办理货币支付，转账结算，国内外汇兑，经营黄金，白银，外汇交易，提供咨询服务及其他金融服务等。

(9) 现代新兴企业

随着世界性的新技术革命的发展，科学技术的一系列巨大成果迅速而有效地应用到社会和经济发展的各个方面，产生出一系列全新的市场需求，开拓出一系列全新的经济领域，导致一大批现代新兴企业的蓬勃崛起。

这些新兴企业的崛起，代表着现代企业的发展方向，显示出巨大的生命力。纵观当代新兴企业崛起的形势，大致可以分为五大类：①信息企业；②新兴技术开发应用企业；③

知识企业；④为经济服务的企业；⑤为生活服务的企业。

1.3.2 测绘企业

1. 测绘企业单位

测绘单位按性质来分，分为测绘事业单位和测绘企业单位。测绘企业单位一般简称测绘企业，是指从事测绘生产经营活动，为社会提供符合需要的测绘产品和测绘劳务的经济实体。一般指测绘公司、测绘类出版社、地图制图企业、地图印刷企业、测绘仪器生产销售企业等。

2. 测绘企业的生产技术特点

①外业施测队（如大地测量队、地形测量队、工程测量队、地籍测量队、海洋测量队等）流动性大，作业地点比较分散，受气候、地形等自然因素的影响较大，一般为季节性生产；而内业队（如制图队、地图印刷队、地图类出版社等）工作比较集中，一般为常年性生产。

②对于一个测绘队来说，它的产品一般不是终端产品（如外业观测成果、控制成果、铅笔原图等），必须经过其他队的继续加工制作，才能成为具有使用价值的最终产品。

③测绘生产工艺比较复杂，技术手段和精度要求比较高，知识面要求比较宽，是一个技术密集型单位。

④大部分测绘产品属于中、小批量生产，且生产的周期较长。

⑤测绘生产中的各个过程都要严格按照相关的规程、规范、标准要求进行。

3. 测绘企业的职责和任务

测绘工作是为国民经济建设、国防建设、科学研究、外交事务和行政管理服务的先行性、基础性工作。因此，测绘工作质量的好坏，不仅仅是影响它本身，更影响其他各项工作。不仅影响到现在，还可能影响到今后的一段时间。所以，测绘工作责任重大，必须严格按照有关规程要求，认认真真地做好各项测绘工作。

根据测绘工作的上述性质，测绘企业应承担如下主要责任：

①认真贯彻执行国家的方针、政策、法令和专业性法规。

②坚持社会主义方向，维护国家利益，保证完成国家计划，履行经济合同。

③保证测绘产品质量和服务质量，对国家负责，对用户负责。

④加强政治思想工作，开展多种形式教育，提高职工队伍的素质。

测绘企业的主要任务是：根据国家计划和市场需求，提供合格的测绘产品和优质的测绘劳务，满足经济建设、国防建设和科学研究等各方面的需要。

4. 测绘企业管理

测绘企业管理属微观经济的范畴。它是在测绘企业内，正确应用测绘管理的原理，充分发挥测绘管理的职能，使企业生产经营活动处于最佳水平，创造出最好的经济效益。

测绘企业管理的主要内容包括：

①建立测绘企业管理的规章制度。主要包括：确定组织形式，决定管理层次，设置职能部门，划分各机构的岗位及相应的职责、权限，配备管理人员，建立测绘企业的基本制度等。

②测绘市场预测与经营决策。主要包括：测绘市场分类、市场调查与市场预测，经营思想、经营目标、经营方针、经营策略以及经营决策技术等。

③全面计划管理。主要包括：招标投标策略的制定，测绘长期计划的确定，年度生产经营计划的编制，原始记录、统计工作等基础工作的建立，以及滚动计划、目标管理等现代管理方法的应用。

④生产管理。主要包括：测绘生产过程的组织，生产类型和生产结构的确定，生产能力的核定，质量标准的制定，生产任务的优化分配等。

⑤技术管理。主要包括：测绘工程、测绘产品的技术设计，工艺流程，新技术开发和新产品开发，科学研究与技术革新，技术信息与技术档案工作以及生产技术设计等。

⑥全面质量管理。主要包括：全面质量管理意识的树立，质量保证体系，产品质量计划，质量诊断、抽样体验以及全面质量管理的常用方法等。

⑦仪器设备管理。主要包括：仪器设备的日常管理与维修保养，仪器设备的利用、改造和更新，仪器设备的检测、维修计划的制定和执行等。

⑧物资供应管理。主要包括：物资供应计划的编制、执行和检查分析，物资的采购、运输、保管和发放，物资的合理使用、回收和综合利用工作等。

⑨劳动人事与工资管理。主要包括：劳动定额，人员编制，劳动组织，职工的招聘、调配、培训和考核，劳动保护，劳动竞赛，劳动计划的编制、执行和检查分析以及工资制度、工资形式、工资计划、奖励和津贴、职工生活福利工作等。

⑩成本与财务管理。主要包括：成本计划和财务计划的编制与执行，成本核算、控制与分析，固定资金、流动资金和专用基金的管理以及经济核算等。

⑪技术经济分析。主要包括：静态分析、动态分析和量本利分析方法，价值工程，工程项目的可行性研究等。

⑫计算机在测绘企业管理中的应用。主要包括：应用条件、范围和效果，有关管理信息系统、数据处理系统、数据库、应用软件的建立和制作等。

上述管理内容，不仅适合于测绘企业，也适合于测绘事业单位。不过测绘企业更加重视市场研究和预测、经营活动和技术经济分析，同时也侧重于机构设置、指标考核、资金运用和推广应用现代管理方法等。

随着改革开放的深入发展，实行政、企分开，建立现代企业制度，测绘企业的经营自主权将进一步扩大，主要包括下列内容：

①扩大经营管理的自主权，即测绘企业在产、供、销计划管理上的权限。测绘企业从现在执行的指令性计划、指导性计划和市场调节计划，逐渐过渡到靠招投标的方法，到测绘市场上去招揽工程（测绘任务）和推销测绘产品。

②扩大财务管理自主权，即测绘企业拥有资金独立使用权。测绘企业所需要的生产建设资金，可以向银行贷款。有权使用折旧资金和修理资金，有权自筹资金扩大再生产，并从利润留存中建立生产发展基金、职工福利基金和奖励基金，多余固定资产可以出租、转让。

③扩大劳动人事管理自主权。测绘企业有权根据考试成绩和生产技术专长择优录用；有权对原有职工根据考核成绩晋级提升，对严重违纪并屡教不改者给予处分，直

至辞退、开除；有权根据需要实行不同的工资形式和奖励制度；有权决定组织机构设置及其人员编制。

1.4 测绘工程的内容与实施阶段的管理

测绘工程内容包括大地测量、工程测量、摄影测量与遥感、地图编制、地理信息系统工程、地籍测绘、界线测绘、房产测绘、测绘航空摄影、海洋测绘等。本节测绘工程内容主要论述地面测绘工程，内容包括：地形测量、地籍测量与房产测量、工业与民用建筑施工测量、道路工程测量、水利工程测量等。

1.4.1 地形测量工程管理

地形图测绘，是在图根控制网建立后，以图根控制点为测站，测出各测绘点周围的地物、地貌特征点的平面位置和高程，根据测图比例尺缩绘到图纸上并加绘图式符号，经整饰即成地形图。地形测量是各种基本测量方法和各种测量仪器的综合应用，是平面高程的综合性测量。

地形图是各种地物和地貌在图纸上的概括反映，是进行各类工程规划设计和施工的必备资料。为保证成图质量，地形测量实施阶段的管理主要是保证成图符合按规定要求所需的精度。为保证精度满足要求，除在测图时要随时检查发现问题及时纠正外，当完成测图后，还应作一次全面检查，检查方法有室内检查、巡视检查和使用仪器设站检查等。

1. 室内检查

主要检查记录计算有无错误，图根点的数量和地貌的密度等是否符合要求，综合取舍是否恰当以及连接是否符合要求等。

2. 巡视检查

沿拟定的路线将原图与实地对照，查看地物有无遗漏，地貌是否与实地相符，符号、注记等是否正确。发现问题要及时改正。

3. 仪器设站检查

在上述基础上再作设站检查。采用测图时同样的方法在原已知点（图根点）上设站，重新测定周围部分碎部点的平面位置和高程，再与原图比较，误差小于规定的要求。

因此，地形测量工程管理工作就是如何满足精度要求进行制度设计和督促检查。

1.4.2 地籍测量与房产测绘管理

地籍测量与房产测绘的内容包括：城镇土地权属调查、土地登记与土地统计、土地利用现状调查、地籍测量、地籍变更测量、房地产调查、房产图测绘等。

地籍测量与房产测绘和地形测量同样要先进行控制测量，然后根据控制点测定测区内的地籍碎部点并据此绘制地籍图。

1. 地籍与房产测量的内容

地籍测量主要是测定和调查土地及其附着物的权属、位置、数量、质量和利用现状等基本情况的测绘工作；房产测量主要是测定和调查房屋及其用地情况，即主要采集房屋及其用地的有关信息，为房产产权、房籍管理、房地产开发利用、交易、征收税费以及城镇规划建设提供测量数据和资料。

2. 地籍与房产测量的基本功能

地籍与房产测量的功能有：

①法律功能：地籍与房产测量的成果经审批验收，依据登记发证后，就具有了法律效力，因此可为不动产的权属、租赁和利用现状提供资料。

②经济功能：地籍图册为征收土地税收提供依据，为土地的有偿使用提供准确的成果资料，为不动产的估价、转让提供资料服务，因而具有显著的经济功能。

③多用途功能：地籍测量成果为制订经济建设计划、区域规划、土地评价、土地开发利用、土地规划管理、城镇建设、环境保护等提供基础资料，因而具有广泛的社会功能。

3. 地籍与房产测绘工程的管理

地籍与房产测绘工程的管理必须紧紧抓住“以土地权属为核心，以地块为基础的土地及其附着物的权属、位置、数量、质量和利用现状等土地基本信息，按规定要求测定权属界址点的精度。

1.4.3 工业与民用建筑施工测量管理

1. 工业与民用建筑施工测量的任务

工业与民用建筑施工测量是测量在工程建设中的具体应用，其主要任务有三项：

①施工前：施工前在施工场地上建立施工控制网，把设计的各个建筑物的平面位置和高程按要求的精度测设到地面上，使相互能连成统一的整体。

②施工中：根据施工进度，把设计图纸上建筑物平面位置和高程在现场标定出来，按施工要求开展各种测量工作。并在施工过程中随时进行建筑物的检测，以使工程建设符合设计要求。

③完工后：要进行检查、验收测量，并编绘竣工平面图。对于一些重要建（构）筑物，在施工和运营期间定期进行变形观测，以了解建（构）筑物的变形规律，监视其安全施工和运营，并为建筑结构和地基基础科学研究提供资料。

2. 工业与民用建筑施工测量的管理

工业与民用建筑施工测量的精度，在施工测量的不同阶段要求不同。一般来说，施工控制网的精度要高于测图控制网的精度；工业建设比民用建设精度要求高；高层建筑比低层建筑精度要求高；预制件装配式施工的建筑物比现场浇筑的精度要求高。

总之，工业与民用建筑施工测量的精度及管理工作，应根据工程的性质和设计要求及规范来合理确定。精度要求过低，影响施工质量，甚至会造成工程事故，精度要求过高又会造成人力、物力及时间的浪费。

1.4.4 道路工程测量管理

1. 道路工程测量的内容

道路工程一般由路线本身（路基、路面）、桥梁、隧道、附属工程、安全设施和各种标志组成。

道路工程测量主要工作内容有：中线测量、圆曲线及缓和曲线的测设、路线纵横断面测量、土石方的计算与调配、道路施工测量、小桥涵施工测量等。

2. 道路工程测量的管理

测量工作在道路工程建设中起着重要作用，测量所得到的各种成果和标志是工程设计和工程施工的重要依据。其中，道路中线测量是道路工程测量中关键性工作，它是测绘纵横断面图和平面图的基础，是道路施工和后续工作的依据。测量工作的精度和速度将直接影响设计和施工的质量和工期。为了保证精度和防止错误，道路工程测量也必须遵循“由整体到局部，从高级到低级，先控制后碎部”的原则，并注意步步有校核。

1.4.5 水利工程测量管理

1. 水利工程测量的主要内容

水利工程测量的主要内容有：土坝施工测量、混凝土重力坝施工测量、大坝变形观测、隧洞施工测量、渠道测量等。

2. 水利工程测量的管理

水利枢纽工程的建筑物主要有拦河大坝、电站、放水涵洞、溢洪道等。水利工程测量是为水利工程建设服务的专门测量，它在水利电力工程的规划设计阶段、建筑施工阶段与经营管理阶段发挥着不同的作用。

在水利枢纽工程的建设中，测量工作大致可分为勘测阶段、施工阶段和运营管理阶段三大部分。它们在不同的时期，其工作性质、服务对象和工作内容不完全相同，但是各阶段的测量工作有时是交叉进行的。

一个水利枢纽通常由多个建筑物构成的综合体。其中包括有大坝建筑物，它的作用大，在它们投入运营后，由于水压力和其他因素的影响将产生变形。为了监视其安全，便于及时维护管理，充分发挥其效益，以及为了科研的目的，都应对它们进行定期或不定期的变形观测。在这一时期，测量工作的特点是精度要求高、专用仪器设备多、复杂性大。因此，对于水利工程测量运营管理阶段的变形监测及其数据处理是管理工作的重点。

◎复习思考题

1. 何谓测绘工程管理？
2. 测绘工程管理的性质是什么？
3. 测绘工程管理的方法有哪些？
4. 测绘工程管理与政府质量监督有何不同？
5. 测绘工程师需具备哪些条件？
6. 测绘工程企业的资质是如何划分的？
7. 测绘工程企业经营活动的基本准则是什么？

第2章　测绘行业管理

2.1　测绘资质资格管理

测绘工作是国民经济和社会发展的一项前期性、基础性工作。它为经济建设、国防建设、科学研究、文化教育、行政管理、人民生活等提供重要的地理信息服务，是社会主义现代化建设事业必不可少的一种重要保障手段，是实现“数字地球”、“数字中国”、“数字区域”、“数字城市”必不可少的方法和手段，近年来，经济的快速发展，对测绘事业的发展产生了很大的推动作用，同时测绘事业也为经济的发展提供了重要的保障。《中华人民共和国测绘法》（以下简称《测绘法》）是我国测绘行政管理的基本依据，各级测绘行政主管部门都必须依据《测绘法》做好测绘行政管理工作。

2.1.1　测绘资质管理制度

1. 测绘资质的分级管理

国家对从事测绘活动的单位实行测绘资质管理制度。《测绘法》明确规定了从事测绘活动的单位应该具备的相应条件，必须依法取得相应等级的测绘资质证书。2009年6月1日起施行的《测绘资质管理规定》中明确规定：凡从事测绘活动的单位，应当取得《测绘资质证书》，并在其资质等级许可的范围内从事测绘活动。测绘资质分为甲、乙、丙、丁四级。各等级测绘资质的具体条件和作业限额由《测绘资质分级标准》规定。

2. 测绘资质的申请

测绘资质审批实行分级管理：国家测绘局为甲级测绘资质审批机关，负责甲级测绘资质的受理、审查和颁发《测绘资质证书》。省、自治区、直辖市人民政府测绘行政主管部门为乙、丙、丁级测绘资质审批机关，负责乙、丙、丁级测绘资质的受理、审查和颁发《测绘资质证书》。省、自治区、直辖市人民政府测绘行政主管部门可以委托市（州）级人民政府测绘行政主管部门承担本行政区域内乙、丙、丁级测绘资质申请的受理工作。

2.1.2　分级标准及业务范围

1. 通用标准和专业标准

通用标准是指对申请不同专业测绘资质统一适用的标准。专业标准是指根据不同测绘专业的特殊需要制定的专项标准，包括大地测量、测绘航空摄影、摄影测量与遥感、工程测量、地籍测绘、房产测绘、行政区域界线测绘、地理信息系统工程、海洋测绘、地图编制、导航电子地图制作、互联网地图服务等方面。标准中各等级测绘资质的定量考核标准是指最低限量。此外，还有一些地方的补充标准等。凡申请《测绘资质证书》的单位，必须同时达到通用标准和相应的专业标准要求。

2. 测绘资质的业务范围

丙级测绘资质的业务范围仅限于工程测量、摄影测量与遥感、地籍测绘、房产测绘、地理信息系统工程、海洋测绘，且不超过该范围内的四项业务。丁级测绘资质的业务范围仅限于工程测量、地籍测绘、房产测绘、海洋测绘，且不超过该范围内的三项业务。作业限额是指相应等级的测绘资质单位承担测绘项目的最高限量。测绘单位不得超越《测绘资质证书》所载的业务范围和相应的作业限额承揽测绘项目。

2.1.3 测绘资质申请的基本条件及其材料

1. 申请测绘资质应当具备的基本条件

①具有企业或者事业单位法人资格。

②有与申请从事测绘活动相适应的专业技术人员。

③有与申请从事测绘活动相适应的仪器设备。

④有健全的技术、质量保证体系和测绘成果及资料档案管理制度。

⑤有与申请从事测绘活动相适应的保密管理制度及设施。

⑥有满足测绘活动需要的办公场所。

2. 申请测绘资质所需材料

初次申请测绘资质和申请测绘资质升级的，应当提交下列材料：

①《测绘资质申请表》。

②企业法人营业执照或者事业单位法人证书。

③法定代表人的简历及任命或者聘任文件。

④符合规定数量的专业技术人员的任职资格证书、任命或者聘用文件、劳动合同，毕业证书、身份证等证明材料。

⑤当年单位在职专业技术人员名册。

⑥符合省级以上测绘行政主管部门认可的测绘仪器检定单位出具的检定证书、购买发票、调拨单等证明材料。

⑦测绘质量保证体系、测绘成果及资料档案管理制度。

⑧测绘生产和成果的保密管理制度、管理人员、工作机构和基本设施等证明。

⑨单位住所及办公场所证明。

⑩反映本单位技术水平的测绘业绩及获奖证明（初次申请测绘资质可不提供）。

⑪其他应当提供的材料。

测绘单位申请变更业务范围的，应当提供前款第①、⑥、⑩项材料及第④项中相应专业技术人员材料。

3. 对申请测绘资质材料的审核要点

①审阅《测绘资质申请表》中的内容是否填写齐全，所填题目与附件材料中的内容是否一致，有上级主管部门的测绘单位，须经上级主管部门签章认可，最后填写测绘行政主管部门审核意见并盖章上报省级测绘行政主管部门。

②营业执照或法人证书是否年检有效。

③申请材料中的④、⑤、⑥条是否符合通用标准和专业标准的要求。

④测绘技术制度：主要是单位的生产、技术、质量管理方法规定等有关技术管理制度。质量认证体系的审核包括：凡已通过 ISO 9000 系列认证的测绘单位须附相关证书，否则乙级资质要通过省级测绘主管部门的质量体系认证，丙级要通过市（州）级以上测绘行政主管部门的质量体系认证，丁级要通过县级以上测绘行政主管部门的质量体系认证。测绘成果认定：甲、乙级测绘单位必须通过省级测绘质量检定部门认定，丙、丁级测绘单位要有通过专门的测绘质量检定部门或县级以上测绘主管部门认定，认定方法由测绘持证单位提交近期能代表本单位技术水平并独立完成测绘项目的所有资料，由测绘质量检定部门或测绘主管部门对其进行检查，最后对该项目提出定性的检查报告。资料档案管理考核：须持市（州）级以上档案部门认定的档案管理等级证书，否则乙级单位必须通过省级测绘主管部门，丙、丁级测绘单位必须通过县级以上测绘主管部门的档案达标考核。

⑤申请受理。申请材料不齐全或者不符合规定形式的，受理机关应当在收到申请材料后五个工作日内一次告知申请单位需要补正的全部内容。申请材料齐全、符合规定形式的，或者申请单位按照要求提交全部补正申请材料的，应当受理其申请。否则不予受理，不予受理的应当说明理由。对申请材料的实质内容需要进行核实的，由测绘资质审查机关或委托下级测绘行政主管部门指派两名以上工作人员进行核查。

⑥测绘单位申请升级或变更业务范围的，测绘单位在申请之日前两年内有下列行为之一的，不予批准测绘资质升级和变更业务范围：采用不正当手段承接测绘项目的；将承接的测绘项目转包或者违法分包的；经监督检验发现有测绘成果质量批次不合格的；涂改、倒卖、出租、出借或者以其他形式非法转让《测绘资质证书》的；允许其他单位、个人以本单位名义承揽测绘项目的；有其他违法违规行为的。

⑦测绘单位申请变更单位名称、住所、法定代表人的，应当提交下列材料：变更申请文件；变更事项的证明材料；《测绘资质证书》正、副本；其他应当提供的材料。

2.1.4 测绘资质年度注册与监督检查

1. 年度注册

年度注册是指测绘资质审批机关按照年度对测绘单位进行核查，确认其是否继续符合测绘资质的基本条件。年度注册时间为每年的3月1日至31日。测绘单位应当于每年的1月20日至2月28日按照规定的要求向省级测绘行政主管部门或其委托设区的市（州）级测绘行政主管部门报送年度注册的相关材料。取得测绘资质未满6个月的单位，可以不参加年度注册。

（1）年度注册程序

①测绘单位按照规定填写《测绘资质年度注册报告书》，并在规定期限内报送相应测绘行政主管部门。

②测绘行政主管部门受理、核查有关材料。

③测绘行政主管部门对符合年度注册条件的，予以注册；对缓期注册的，应当向测绘单位书面说明理由。

④省级测绘行政主管部门向社会公布年度注册结果。

（2）年度注册核查的主要内容

①单位性质、名称、住所、法定代表人及专业技术人员变更情况。

②测绘单位的从业人员总数、注册资金及出资人的变化情况和上年度测绘服务总值。

③测绘仪器设备检定及变更情况。

④完成的主要测绘项目、测绘成果质量以及测绘项目备案和测绘成果汇交情况。

⑤测绘生产和成果的保密管理情况。

⑥单位信用情况。

⑦违法测绘行为被依法处罚情况。

⑧测绘行政主管部门需要核查的其他情况。

缓期注册的期限为60日。测绘行政主管部门应当书面告知测绘单位限期整改，整改后符合规定的，予以注册。

2. 监督检查

各级测绘行政主管部门履行测绘资质监督检查职责，可以要求测绘单位提供专业技术人员名册及工资表、劳动保险证明、测绘仪器的购买发票及检定证书、测绘项目合同、测绘成果验收（检验）报告等有关材料，并可以对测绘单位的技术质量保证制度、保密管理制度、测绘资料档案管理制度的执行情况进行检查。

各级测绘行政主管部门实施监督检查时，不得索取或者收受测绘单位的财物，不得谋取其他利益。

有关单位和个人对依法进行的监督检查应当协助与配合，不得拒绝或者阻挠。

测绘单位违法从事测绘活动被依法查处的，查处违法行为的测绘行政主管部门应当将违法事实、处理结果告知上级测绘行政主管部门和测绘资质审批机关。

各级测绘行政主管部门应当加强测绘市场信用体系建设，将测绘单位的信用信息纳入测绘资质监督管理范围。

取得测绘资质的单位应当向测绘资质审批机关提供真实、准确、完整的单位信用信息。测绘单位信用信息的征集、等级评价、公布和使用等办法由国家测绘地理信息局另行制定。

2.1.5 测绘职业制度

1. 测绘作业证的配发

测绘外业作业人员和需要持测绘作业证的其他人员应当领取测绘作业证。在进行外业测绘活动时，应当持有测绘作业证。测绘作业证在全国范围内通用。

国家测绘地理信息局负责测绘作业证的统一管理工作。省、自治区、直辖市人民政府测绘行政主管部门负责本行政区域内测绘作业证的审核、发放和监督管理工作。省、自治区、直辖市人民政府测绘行政主管部门，可将测绘作业证的受理、审核、发放、注册核准等工作委托市（地）级人民政府测绘行政主管部门承担。

测绘人员在下列情况下应当主动出示测绘作业证：

①进入机关、企业、住宅小区、耕地或者其他地块进行测绘时。

②使用测量标志时。

③接受测绘行政主管部门的执法监督检查时。

④办理与所进行的测绘活动相关的其他事项时。

进入保密单位、军事禁区和法律法规规定的需经特殊审批的区域进行测绘活动时，还应当按照规定持有关部门的批准文件。

2. 注册测绘师制度

为了提高测绘专业技术人员素质，保证测绘成果质量，维护国家和公众利益，依据《中华人民共和国测绘法》和国家职业资格证书制度有关规定制定。

国家对从事测绘活动的专业技术人员，实行职业准入制度，纳入全国专业技术人员职业资格证书制度统一规划。人事部、国家测绘地理信息局共同负责注册测绘师制度工作，并按职责分工对该制度的实施进行指导、监督和检查。各省、自治区、直辖市人事行政部门、测绘行政主管部门按职责分工，负责本行政区域内注册测绘师制度的实施与监督管理。

国家对注册测绘师资格实行注册执业管理，取得《中华人民共和国注册测绘师资格证书》的人员，经过注册后方可以注册测绘师的名义执业。国家测绘地理信息局为注册测绘师资格的注册审批机构。各省、自治区、直辖市人民政府测绘行政主管部门负责注册测绘师资格的注册审查工作。

注册测绘师应在一个具有测绘资质的单位，开展与该单位测绘资质等级和业务许可范围相应的测绘执业活动。

2.2 基础测绘和其他测绘管理

2.2.1 基础测绘

1. 基础测绘的含义

基础测绘是指建立全国统一的测绘基准和测绘系统，进行基础航空摄影，获取基础地理信息的遥感资料，测制和更新国家基本比例尺地图，影像图和数字化产品，建立、更新基础地理信息系统。

2. 基础测绘的管理

基础测绘工作应当遵循统筹规划、分级管理、定期更新、保障安全的原则。国务院测绘行政主管部门负责全国基础测绘工作的统一监督管理，县级以上地方人民政府测绘行政主管部门负责本行政区域基础测绘工作的统一监督管理。

3. 基础测绘的规划和财政预算

①县级以上地方人民政府测绘行政主管部门会同本级人民政府其他有关部门根据国家和上一级人民政府的基础测绘规划和本行政区域内的实际情况，组织编制本行政区域的基础测绘规划，报本级人民政府批准，并报上一级测绘行政主管部门备案后组织实施。

②县级以上地方人民政府发展改革部门会同同级测绘行政主管部门，根据本行政区域的基础测绘规划，编制本行政区域的基础测绘年度计划，并分别报上一级主管部门备案。

③基础测绘是公益性事业。县级以上地方人民政府应当将基础测绘纳入本级国民经济和社会发展规划，并将基础测绘所需经费纳入财政预算。

4. 基础测绘的更新

基础测绘成果应当定期进行更新，特别是自然灾害多发地区以及国民经济、国防建设和社会发展急需的基础测绘成果应当及时更新。基础测绘成果的更新周期根据不同地区国民经济和社会发展的需要、测绘科学技术水平和测绘生产能力、基础地理信息变化情况等因素确定。其中，1∶100 万~1∶5 000 国家基本比例尺地图、影像图和数字化产品至少 5 年更新一次。

5. 基础测绘的实施

测绘行政主管部门应当按照基础测绘的规划、年度计划和项目技术设计书组织实施本级基础测绘项目。基础测绘组织实施的具体步骤如下：

①会同发展改革和财政主管部门调研、设计本地区基础测绘的中长期规划，并通过专家论证后，报本级人民政府批准，同时报上级测绘行政主管部门备案。

②会同发展改革和财政主管部门根据本行政区域的基础测绘规划，编制本行政区域的基础测绘年度改革，并分别报上一级主管部门备案。

③编制基础测绘项目预算，落实项目经费。

④编写招标文件，招投标落实工程承包单位，落实基础测绘监理单位。

⑤编写基础测绘项目的技术设计书。技术设计书应当符合国家规范，并经过专家论证，提出并通过《基础测绘技术设计论证意见》，附基础测绘项目技术设计书一式若干份报省级测绘行政主管部门批准。

⑥按技术设计书要求组织实施。基础测绘项目在实施期间要定期召开工程例会，一般每周一次，听取工程单位关于工程进度及存在问题等情况的汇报，及时解决工程中行政和技术方面存在的困难与问题，确保工程进度。

⑦组织验收。

6. 基础测绘系统和测绘基准

从事基础测绘活动，应当使用测绘行政主管部门指定的国家测绘系统和测绘基准。因建设、城市规划和科学研究的需要，确实需要建立相对独立的平面坐标系统的，应由测绘行政主管部门批准，并应当与国家坐标系统相联系。同一城市或者局部地区只能建立一个相对独立的平面坐标系统。

相对独立的平面坐标系统的论证和审批步骤如下：

①调查本地区使用坐标系统的情况，研究选择什么样的相对独立的平面坐标系统，协调本地区国土、建设、规划、交通、水利等部门采用统一的相对独立的平面坐标系统；

②向上一级测绘行政主管部门提交《关于建立相对独立的平面坐标系统》审批的请示，同时附《本地区建立相对独立的平面坐标系统申请表》；

③省级测绘行政主管部门组织专家论证，并形成建立相对独立的平面坐标系统的论证意见；

④省级测绘行政主管部门批复同意建立相对独立的平面坐标系统的书面意见。

7. 统一管理基础地理信息

各级测绘行政主管部门应当加强本行政区域范围的地理空间信息基础框架建设与管理。数字区域地理空间信息基础框架和财政投资建立的地理信息系统，应当采用省级统一标准的基础地理信息数据。

8. 统一管理遥感测绘资料和航空摄影

使用财政资金购置卫星遥感测绘资料和进行航空摄影的，由测绘行政主管部门统一组织实施。

航空摄影的报批，由省级测绘行政主管部门报军事主管部门按照国家有关规定批准，并遵守《通用航空飞行管制条例》的规定。市（州）、县基础测绘及其他测绘工作需要航空摄影的，须向省级测绘行政主管部门报批。报批的材料包括《关于××市、县航空摄影的请示》，同时附《××省航空摄影计划表》和《航空摄影范围图》。

2.2.2 其他测绘

1. 地籍测绘

①县级以上地方人民政府测绘行政主管部门会同同级土地行政主管部门编制本行政区域的地籍测绘规划。

②县级以上人民政府测绘行政主管部门按照地籍测绘规划，组织管理地籍测绘。

③向单位和个人核发土地权属证书，应当附相应测绘资质单位测制的权属界址图。

2. 房产测绘

①向单位和个人核发房屋所有权证书，应当附具有相应测绘资质的单位测制的房产平面图。

②不动产权属测绘应当执行国家有关测量规范和技术标准，并符合国家的有关规定。对房产测绘成果有异议的，可以委托国家认定的房产测绘成果鉴定机构鉴定。

3. 工程测量

城市建设领域的工程测量活动，与房屋产权、产籍相关的房屋面积的测量，应当执行由国务院建设行政主管部门、国务院测绘行政主管部门负责组织编制的测量技术规范。

水利、能源、交通、通信、市政、资源开发和其他领域的工程测量活动，应当按照国家有关的工程测量技术规范进行，并接受测绘行政主管部门的监督管理。

4. 中外合作测绘

外国的组织或者个人在中华人民共和国领域和管辖的其他海域从事测绘活动，必须与中华人民共和国有关部门或者单位依法采取合资、合作的形式进行，经国务院及其有关部门或者省、自治区、直辖市人民政府批准，外国的组织或者个人来华开展科技、文化、体育等活动时，需要进行一次性测绘活动的，可以不设立合资、合作企业，但是必须经国务院测绘行政主管部门会同军队测绘主管部门批准，并与中华人民共和国的有关部门和单位的测绘人员共同进行。

5. 建立地理信息系统

系统的信息数据必须采用符合国家标准的基础地理信息数据。

2.3 测绘成果管理

2.3.1 测绘成果的概念及特点

1. 测绘成果的概念

测绘成果是指通过测绘形成的数据、信息、图件以及相关的技术资料，是各类测绘活动形式的记录，是描述自然地理要素或者地表人工设施的形状、大小、空间位置及其属性的地理信息、数据、资料、图件和档案。

测绘成果分为基础测绘成果和非基础测绘成果。基础测绘成果包含全国性基础测绘成果和地区性基础测绘成果。

2. 测绘成果的表现形式

测绘成果的表现形式，主要包括数据、信息、图件以及相关的技术资料。

①为建立全国统一的测量基准和测量系统进行的天文测量、大地测量、卫星大地测量、重力测量所获取的数据和图件。

②航空摄影和遥感所获取的数据、影像资料。

③各种地图（包括地形图、普通地图、地籍图、海图和其他有关专题地图等）及其数字化成果。

④各类基础地理信息以及在基础地理信息基础上挖掘、分析形成的信息。

⑤工程测量数据和图件。

⑥地理信息系统中的测绘数据及其运行软件。

⑦其他有关地理信息数据。

⑧与测绘成果直接有关的技术资料、档案等。

3. 测绘成果的特征

测绘成果是国家重要的基础性信息资源。作为测绘成果主要表现形式的基础地理信息是数据量最大、覆盖面最宽、应用面最广的战略性信息资源之一。基础地理信息资源的规模、品种和服务水平等已成为国家信息化水平的一个重要标志，从测绘成果本身的含义及应用范围等方面来归纳分析，基本特征如下：

（1）科学性

测绘成果的生产、加工和处理等各个环节，都是依据一定的数学基础、测量理论和特定的测绘仪器设备以及特定的软件系统来进行，因而测绘成果具有科学性的特点。

（2）保密性

测绘成果涉及自然地理要素和地表人工设施的形状、大小、空间位置及其属性，大部分测绘成果都涉及国家安全和利益，具有严格的保密性。

（3）系统性

不同的测绘成果以及测绘成果的不同表示形式，都是依据一定的数学基础和投影法则，在一定的测绘基准和测绘系统控制下，按照先控制、后碎部、先整体、后局部的原则，有着内在的关联，具有系统性。

(4) 专业性

不同种类的测绘成果，由于专业不同，其表示形式和精度要求也不尽相同。如大地测量成果与房产测绘成果及地籍测绘成果等都有明显的区别，带有很强的专业性。这种专业不仅体现在应用领域和成果作用的不同，还体现在成果精度的不同。

2.3.2 测绘成果质量

1. 测绘成果质量的概念

测绘成果质量是指测绘成果满足国家规定的测绘技术规范和标准，以及满足用户期望目标值的程度。测绘成果质量不仅关系到各项工程建设的质量和安全，关系到经济社会发展规划决策的科学性、准确性，而且涉及国家主权、利益和民族尊严，影响着国家信息化建设的顺利进行。在实际工作中，因测绘成果质量不合格，使工程建设受到影响并造成重大损失的事例时有发生。提高测绘成果质量是国家信息化发展和重大工程建设质量的基础保证，是提高政府管理决策水平的重要途径，是维护国家主权和人民群众利益的现实需要。因此，加强测绘成果质量管理，保证测绘成果质量，对于维护公共安全和公共利益具有十分重要的意义。

2. 测绘成果质量的监督管理

《测绘法》规定，县级以上人民政府测绘行政主管部门应当加强对测绘成果质量的监督管理。依法进行测绘成果质量监督管理，是各级测绘行政主管部门的法定职责，也是测绘统一监督管理的重要内容。

为加强测绘成果质量管理，国家测绘局先后制定了《测绘质量监督管理办法》和《测绘产品质量监督检验方法》，以规范测绘成果质量管理责任。

(1) 测绘行政主管部门质量监管的措施

测绘行政主管部门必须加强测绘标准化管理，对测绘单位完成的测绘成果定期或不定期进行监督检查。加强对测绘仪器计量检定的管理，确保测绘仪器设备安全、可靠及量值准确，并引导测绘单位建立健全质量管理制度。对于测绘成果质量不合格的，按测绘法规规定，责令测绘单位补测或重测。情节严重的，责令停业整顿，降低资质等级，直至吊销测绘资质证书。给用户造成损失的，依法承担赔偿责任。

(2) 测绘单位的质量责任

测绘单位是测绘成果生产的主体，必须自觉遵守国家有关质量管理的法律、法规和规章，对完成的测绘成果质量负责。测绘成果质量不合格的，不准提供使用，否则要依法承担相应的法律责任。

2.3.3 测绘成果的汇交

测绘成果是国家基础性、战略性信息资源，是国家花费大量人力、物力生产的宝贵财富和重要的空间地理信息，是国家进行各项工程建设和经济社会发展的重要基础。为充分发挥测绘成果的作用，提高测绘成果的使用效益，降低政府行政管理成本，实现测绘成果的共建共享，国家实行测绘成果汇交制度。

1. 测绘成果汇交的概念

测绘成果汇交是指向法定的测绘公共服务和公共管理机构提交测绘成果副本或者目录，由测绘公共服务和公共管理机构编制测绘成果目录，并向社会发布信息，利用汇交的测绘成果副本更新测绘公共产品和依法向社会提供利用。

2. 测绘成果汇交的内容

按照《测绘法》、《测绘成果管理条例》和国家测绘地理信息局制定的《关于汇交测绘成果目录和副本的实施办法》规定，测绘成果汇交的主要内容包括测绘成果目录和副本两部分。

（1）测绘成果目录

①按国家基准和技术标准施测的一、二、三、四等天文、三角、导线、长度、水准测量成果的目录。

②重力测量成果的目录。

③具有稳固地面标志的全球定位系统（GPS）测量、多普勒定位测量、卫星激光测距（SLR）等空间大地测量成果的目录。

④用于测制各种比例尺地形图和专业测绘的航空摄影底片的目录。

⑤我国自己拍摄的和收集国外的可用于测绘或修测地形图及其他专业测绘的卫星摄影底片和磁带的目录。

⑥面积在 10 km^2 以上的 1：500～1：2 000 比例尺地形图和整幅的 1：5000～1：100 万比例尺地形图（包括影像地图）的目录。

⑦其他普通地图、地籍图、海图和专题地图的目录。

⑧上级有关部门主管的跨省区、跨流域，面积在 50 km^2 以上，以及其他重大国家项目的工程测量的数据和图件目录。

⑨县级以上地方人民政府主管的面积在省管限额以上（由各省、自治区、直辖市人民政府颁布的政府规章确定）的工程测量的数据和图件目录。

（2）测绘成果副本

①按国家基准和技术标准施测的一、二、三、四等天文、三角、导线、长度、水准测量的成果表展点图（线路图）、技术总结和验收报告的副本。

②重力测量成果的成果表（含重力值归算、点位坐标和高程、重力异常值）、展点图、异常图、技术总结和验收报告的副本。

③具有稳固地面标志的全球定位系统（GPS）测量、多普勒定位测量、卫星激光测距（SLR）等空间大地测量的测绘成果、布网图、技术总结和验收报告的副本。

④正式印制的地图，包括各种正式印刷的普通地图、政区地图、数学地图、交通旅游地图，以及全国性和省级的其他专题地图。

目前，国务院测绘行政主管部门和省、自治区、直辖市测绘行政主管部门负责成果汇交的具体职责权限还没有出台，但大多数省、自治区、直辖市通过地方性法规或政府规章等方式对测绘成果汇交进行了规定，测绘成果汇交制度基本得以实施，为促进测绘成果共享起到了积极的作用。

依据《测绘法》和《测绘成果管理条例》的规定，测绘成果属于基础测绘成果的，应当汇交副本；属于非基础测绘成果的，应当汇交目录。

2.3.4 测绘成果保管

1. 测绘成果保管的概念与特点

（1）测绘成果保管的概念

测绘成果保管是指测绘成果保管单位依照国家有关档案法律、行政法规的规定，采取科学的防护措施和手段，对测绘成果进行归档、保存和管理的活动。

由于测绘成果具有专业性、系统性、保密性等特点，同时，测绘成果又以纸质资料和数据形态共同存在，使测绘成果保管不同于一般的文档资料。测绘成果资料的存放设施与条件，应当符合国家测绘、保密、消防及档案管理的有关规定和要求。

（2）测绘成果保管的特点

测绘成果保管单位必须要采取安全保障措施，保障测绘成果的完整和安全。测绘资料存放设施与条件，应当符合国家保密、消防及档案管理的有关规定和要求。对基础测绘成果资料实行异地备份存放制度，测绘成果保管单位应当按照规定保管测绘成果资料，不得损毁、散失、转让。

2. 测绘成果保管的措施

测绘成果保管涉及测绘成果及测绘成果所有权人、测绘单位以及测绘成果使用单位等多个主体。不管属于什么类型的测绘成果保管主体，都必须按照测绘法等有关法律、法规的规定，建立健全测绘成果保管制度，采取措施保障测绘成果的完整和安全，并按照国家有关规定向社会公开和提供利用。

（1）建立测绘成果保管制度，配备必要的设施

测绘成果保管单位应当本着对国家和人民利益高度负责的精神，建立有效的管理制度，配备必要的安全防护设施，防止测绘成果的损坏、丢失和失密。按照《测绘法》、《档案法》、《保密法》《测绘成果管理条例》的有关规定，建立测绘成果保管制度，并成立相应的测绘成果保管工作机构，明确相应的测绘成果保管人员和职责，确保各项测绘成果保管制度落实到位，并且配备必要的设施。

（2）基础测绘成果资料实行异地备份存放制度

基础测绘成果异地备份存放，就是将基础测绘成果进行备份，并存放于不同地点，以保证基础测绘成果意外损毁后，可以迅速恢复基础测绘成果服务。异地存放的基础测绘成果资料，应与本地存放的测绘成果资料所采取的安全措施统一规格，要符合国家保密、消防及档案管理部门的有关规定和要求。

2.3.5 测绘成果保密管理

1. 测绘成果保密的概念和特征

（1）测绘成果保密的概念

测绘成果保密，是指测绘成果由于涉及国家秘密，综合运用法律和行政手段将测绘成果严格限定在一定范围内和被一定的人员知悉的活动。大量的测绘成果属于国家机密，测

绘成果也相应地划分为秘密测绘成果和公开测绘成果两类。

（2）测绘成果保密的特征

①测绘成果涉及的国家秘密事项是客观存在的实物。测绘成果是对自然地理要素和地表人工设施的空间位置、大小、形状和属性的客观反映，测绘成果保密的关键是一部分自然地理要素和地表人工设施的大小、形状、空间位置及其属性需要保密。

②测绘成果涉及的国家秘密事项具有广泛性。根据《保密法》的规定，国家事务中的重大决策事项、国防和武装力量秘密事项、外交和外事活动秘密事项、国民经济和社会发展中的秘密事项、科学技术中的秘密事项、维护国家安全活动和追查刑事犯罪中的秘密事项、其他经国家保密工作部门确定为应当保守的国家秘密事项等都属于国家秘密，这些国家秘密的相当一部分都会通过测绘手段，真实地反映在不同类型的测绘成果上。

③涉及国家秘密的测绘成果数量大，涉及面广。随着国民经济的发展，地理信息产业已经成为我国国民经济新的增长点。面对如此巨大的市场，测绘成果的数量巨大，其中大部分属于国家秘密。大量的地理信息数据，所涉及的人员和领域范围也非常广。

④测绘成果涉及的国家秘密事项保密时间长。各类测绘系统的点位和数据，始终是测定保密要素的空间位置、大小、形状的依据。因此，除国家有变更密级或解密的规定外，测绘成果的保密期都是长期的，需要长久保存。

⑤测绘成果不同于其他文件、档案等保密资料。测绘成果一经提供出去，便由使用单位自行使用、保存和销毁，与其他带有密级的文件、档案等秘密资料不同。《测绘法》明确规定，对外提供测绘成果，必须经国务院测绘行政主管部门和军队测绘主管部门批准。

2. 测绘成果保密管理规定

《测绘法》规定了测绘成果保密管理制度，其具体内容涉及以下几个方面：

①测绘成果属于国家秘密的，适用国家保密法律、行政法规的规定。

关于测绘成果的秘密范围和秘密等级的划分，国家秘密法、保密法实施办法和国家保密局、国家测绘局联合制定的《测绘管理工作国家秘密范围的规定》有明确的规定。该规定是划分测绘成果秘密范围和成果密级的依据。测绘成果保密工作，首先要确定哪些测绘成果属于国家秘密。在这个前提下，测绘成果保密适用国家保密法律、行政法规的规定，如《保密法》、《保密法实施办法》、《测绘成果管理条例》等。

②对外提供属于国家秘密的测绘成果，按照国务院和中央军委规定的审批程序执行。

《测绘成果管理条例》规定，对外提供属于国家秘密的测绘成果，应当按照国务院和中央军委规定的审批程序，报国务院测绘行政主管部门或省、自治区、直辖市人民政府测绘行政主管部门审批；测绘行政主管部门在审批前，应当征求军队有关部门的意见。

③测绘成果保管单位应当采取措施保障测绘成果的完整和安全，并按照国家有关规定向社会公开和提供利用。

大部分测绘成果涉及国家秘密，测绘成果保管单位必须采取有效的安全保障措施保证测绘成果的完整和安全，防止测绘成果损坏、灭失和泄露国家秘密。同时，测绘成果保管单位必须依照国家有关测绘成果提供的有关规定，依法向社会公开和提供利用。

2.3.6 测绘成果提供利用

1. 测绘成果提供利用的法律规定

（1）基础测绘成果和国家投资完成的其他测绘成果

为规范测绘成果提供行为，《测绘法》第三十一条规定，基础测绘成果和国家投资完成的其他测绘成果，用于国家机关决策和社会公益性事业的，应当无偿提供。前款规定之外的，依法实行有偿使用制度，但是政府及其有关部门和军队因防灾、减灾、国防建设等公共利益的需要，可以无偿使用。

（2）属于国家秘密的测绘成果

《测绘成果管理条例》对测绘成果提供利用的规定，涵盖了三个方面：一是对法人或者其他组织需要利用属于国家秘密的基础测绘成果的，要求申请人应当提出明确的利用目的和范围，报测绘成果所在地的测绘行政主管部门审批；二是对外提供属于国家秘密的测绘成果，要严格按照国务院和中央军事委员会规定的审批程序，报国务院测绘行政主管部门或者省、自治区、直辖市人民政府测绘行政主管部门审批；三是规定了测绘行政主管部门的法定义务，要求测绘行政主管部门审查同意后，应当以书面形式告知申请人测绘成果的秘密等级、保密要求以及相关著作权保护要求。

对外提供属于国家秘密的测绘成果，是指向境外、国外以及其与国内有关单位合资、合作的法人或者其他组织提供的属于国家秘密的测绘成果。对外提供属于国家秘密的测绘成果的，要严格按照国务院和中央军委规定的审批程序，报国务院测绘行政主管部门或者省、自治区、直辖市人民政府测绘行政主管部门审批。

（3）测绘成果使用人的权利和义务

①测绘成果使用人与测绘项目出资人应当签订书面协议，明确双方的权利和义务。使用人应当根据国家有关法律法规的要求使用测绘成果，并采取有效的保密措施，严防泄密。

②使用人所领取的基础测绘成果仅限于在本单位的范围内，按批准的使用目的使用。

③使用人若委托第三方开发，项目完成后，负有督促其销毁相应测绘成果的义务。

④使用人应当在使用基础测绘成果所形成的成果的显著位置注明基础测绘成果版权的所有者。测绘成果涉及著作权保护和管理的，依照有关法律、行政法规的规定执行。

⑤使用人主体资格发生变化时，应向原受理审批的测绘行政主管部门重新提出使用申请。

2. 测绘成果提供的职责分工

测绘成果提供包括基础测绘成果提供和非基础测绘成果提供。国家测绘局 2006 年 9 月出台了《基础测绘成果提供使用管理暂行办法》，对基础测绘成果的提供进行了规定。

（1）基础测绘成果提供的职责分工

①国家测绘地理信息局负责审批的基础测绘成果：

- 全国统一的一、二等平面控制网、高程控制网和国家重力控制网的数据、图件；
- 1∶50 万、1∶25 万、1∶10 万、1∶5 万、1∶2.5 万国家基本比例尺地图、影像图和数字化产品；

- 国家基础航空摄影所获取的数据、影像等资料，以及获取基础地理信息的遥感资料；
- 国家基础地理信息数据；
- 其他应当由国家测绘地理信息局审批的基础测绘成果。

②省级测绘主管部门负责审批的基础测绘成果：

- 本行政区域内统一的三、四等平面控制网、高程控制网的数据、图件；
- 本行政区域内的1：1万、1：5 000等国家基本比例尺地图、影像图和数字化产品；
- 本行政区域内的基础航空摄影所获取的数据、影像资料，以及获取基础地理信息的遥感资料；
- 本行政区域内的基础地理信息数据；
- 属国家测绘地理信息局审批范围，但已委托省、自治区、直辖市测绘行政主管部门负责管理的基础测绘成果；
- 其他应当由省、自治区、直辖市测绘行政主管部门审批的基础测绘成果。

③市（地）、县级测绘行政主管部门负责审批的基础测绘成果：

按照《基础测绘成果提供使用的管理暂行办法》规定，市（地）、县级测绘行政主管部门负责审批的基础测绘成果的具体范围和审批办法，由省、自治区、直辖市测绘行政主管部门规定。

（2）申请利用基础测绘成果的条件

①有明确、合法的使用目的。

②申请的基础测绘成果范围、种类、精度与使用目的相一致。

③符合国家的保密法律法规及政策。

申请使用基础测绘成果，应当按照规定提交《基础测绘成果使用申请表》及加盖有关单位公章的证明函；属于各级财政投资的项目，应当提交项目批准文件。

2.4 地图及地图产品管理

2.4.1 地图管理

1. 地图的概念

地图是指根据特定的数学法则，将地球上的自然和社会现象，通过制图综合，并以符号和注记缩绘在平面或者曲面上的图像。地图是地理空间信息的图形表现形式，是为人们提供自然地理要素或者地表人工设施的形状、大小、空间位置及其属性的图形。

地图按比例尺大小，可分为大比例尺地图、中比例尺地图和小比例尺地图；按其内容可分为普通地图和专题地图；按用途分为参考图、数学地图、地形图、航空图、海图、天文图以及交通图、旅游图等；按地图表现形式分为微缩地图、数字地图、电子地图、影像地图等。

2. 地图的重要性

地图是国家版图的主要表现形式，体现着一个国家在主权方面的意志和在国际社会中的政治、外交立场，具有严肃的政治性、严密的科学性和严格的法定性。若地图上出现问题，尤其是政治性的错误，不仅损害消费者的利益，而且将损害国家利益、民族尊严和国家形象，造成极为恶劣的政治影响。

由于地图是对自然地理现象和社会经济现象的直观表达，通俗易懂，因此成为各级领导宏观决策、经济建设、国防军事和人民群众日常生活需要的必备读物和实用工具。

3. 公共地理信息的无偿标载

编制行政区域地图和政区地图不得进行地理要素的有偿标载。编制公开发行的交通图、旅游图等其他地图的，应当标载重要的国家机关、医疗机构、高等院校、图书馆等公共地理信息，并不得收取标载费用。

4. 审核管理

负责地图审核的部门应当自受理之日起30个工作日内，将审核决定书以书面形式通知送审单位。测绘行政主管部门对通过审核的地图样图，应当发给送审单位地图审图号；对通过审核的其他载体形式的地图产品，应当发地图图形审核批准书。

各级人民政府应当加强对编制、印刷、出版、展示、登载地图的管理，保证地图质量，维护国家主权、安全和利益。应当加强对国家版图意识的宣传教育，增强公民的国家版图意识。

2.4.2 地图审核

出版或者展示未出版的全省性地图的，应当将试制样图报送省级测绘行政主管部门审核。出版或者展示未出版的某省份范围内地区性地图的，应当将试制样图先报送设区的市（州）级测绘行政主管部门初审，由设区的市（州）级测绘行政主管部门报送省级测绘行政主管部门审核。专题地图涉及专业内容的，应当事先报省级有关行政主管部门审核。

生产制作附有国界线或者省级行政区域界线的示意性地图图形的音像制品、标牌、广告以及玩具、纪念品、工艺品的，由生产制作单位报送省级测绘行政主管部门或者其委托的设区的市（州）级测绘行政主管部门审核。负责审核的部门应当实行即送即审的简易程序。

除上述情况外，单位和个人（以下统称申请人）还应当按照本规定向地图审核部门提出地图审核申请的情况有：在地图出版、展示、登载、引进、生产、加工前；使用国务院测绘行政主管部门或者省级测绘行政主管部门提供的标准画法地图，并对地图内容进行编辑改动的。

直接使用国务院测绘行政主管部门或者省级测绘行政主管部门提供的标准画法地图，未对其地图内容进行编辑改动的，可以不送审，但应当在地图上注明地图制作单位名称。

1. 审核所需材料

申请人提出地图审核申请时应当填写地图审核申请表，提交需要审核的地图及下列材料：

①编制公开版地图（不含示意地图）的，提交经国务院新闻出版行政主管部门批准

的地图出版范围或者单项地图的批准文件，以及经国务院测绘行政主管部门或者省级测绘行政主管部门批准具有相应等级和业务范围的测绘资质证书。

②编制公开版世界性和全国性地图的，提交经国务院测绘行政主管部门同意编制地图的证明文件。

③涉及中小学国家课程教材配套的教学地图，提交经国务院教育行政主管部门的中小学国家课程教材编写核准的有关证明文件。

④涉及使用国家秘密测绘成果编制的地图，提交经国务院测绘行政主管部门有关机构进行保密技术处理和使用保密插件的证明文件。

⑤涉及专业内容的地图，提交经过本专业保密部门审查的证明文件。

⑥申请人送审地图时，应当提交试制样图（样品、光盘等）一式两份（彩色地图提交彩色样图，黑白地图提交原稿样图），电子版地图除提交数据等相关资料外，还应当提交与地图审核内容相关的纸质样图。

2. 审核处理

测绘行政主管部门对申请人提出的地图审核申请，应当根据下列情况分别做出处理，并送达申请人。

①决定受理：申请材料齐全并符合法定要求的。

②告知：不属于本行政机关审核范围的情况要告知申请人向有关行政机关申请，申请材料不齐全的或者不符合法定形式的告知补正。

③决定不受理：不属于审核范围的。

3. 地图内容审查

测绘行政主管部门对地图内容的审查包括：

①保密内容审查。

②国界线，省、自治区、直辖市行政区域界线（包括中国历史疆界）和特别行政区界线。

③重要地理要素及名称等内容。

④测绘行政主管部门规定需要审查的其他地图内容。

审查的具体内容和标准，按地图审核权限分别由国务院测绘行政主管部门和省级测绘行政主管部门另行制定，已经审核同意出版的地图再版时，其地图内容有变动的，应当按照前款规定重新送审。

具有中级以上地图编制专业技术职称或者从事地图内容审查工作三年以上，持有国务院测绘行政主管部门颁发的地图审查上岗证书，可以从事地图内容审查工作。

4. 审批与备案

①地图审核自受理之日起 30 日内完成，电视、报刊及其他媒体上使用的时事宣传地图，原则上实行即送即审。

②测绘行政主管部门，自接到地图内容审查意见书后，在五日内做出批准或者不予批准的意见，做出批准意见的编发审图号，发出地图审核批准通知书。国务院测绘行政主管部门审图号为：GS（××××年）×××号［如：GS（2004）001 号］；省级测绘行政主管部门审图号为：省（自治区、直辖市）简称 S（××××年）×××号［如：京 S

(2004) 006号]。

③不予批准的要说明原因，并发出地图审核不予批准通知书，且将申请材料退还申请人。

地图审核申请被批准后，申请人应当：

①按照测绘行政主管部门出具的地图内容审查意见书和试制样图上的批注意见对地图进行修改。

②在正式出版、展示、登载以及生产的地图产品上载明审图号。

③在出版发行、销售前向地图审核部门报送样图（样品、光盘等）一式两份备案。

送审或者可不送审的地图样图，按照本规定要求备案。申请材料的原始图件保管期为五年，备案样图保管期为三年。

5. 编制出版或展示市（州）、县范围内地图的办事程序

①在地图印刷或展示前，编图单位将两份彩色打样稿送测绘行政主管部门。

②由测绘行政主管部门初审后开具初审证明，结束初审。

6. 送审单位

公开出版的地图由出版单位送审；公开展示或在图书、报刊、电视、广告中使用的地图由使用单位送审；引进和进口的地图由引进单位和进口单位送审。

送审地图时，送审单位应当向地图受理审核部门报送或者交验下列材料：

①地图审核申请书。

②试制样图一式两份。

③送审电子地图，除报送软盘或光盘外，还需报送相应的纸质地图。

④送审普通地图和直接进行测绘的专题地图须附《测绘资质证书》副本，送审广告地图的，交验广告经营许可证副本。

⑤送审专题地图的提供有关行政主管部门出具的审核意见。

⑥编制试制样图所使用的底图资料说明。

2.4.3 地图市场管理

1. 管理组织

根据测绘、宣传、新闻出版、工商、教育、外贸、通信、外事、海关等有关部门联合下发的《关于加强国家版图意识宣传教育和地图市场监管的实施意见》和《关于成立国家版图意识宣传教育和地图市场监管协调指导小组的通知》，为切实做好国家版图意识宣传教育和地图市场监管工作，各地都成立了国家版图意识宣传教育和地图市场监管协调指导小组（以下简称“协调指导小组”），协调指导小组下设办公室，负责日常工作。

2. 协调指导小组的主要职责

①协调、指导本地区国家版图意识宣传教育和地图市场监管工作。

②研究、制订国家版图意识宣传教育和地图市场监管工作实施方案并组织实施。

③督促、检查开展国家版图意识宣传教育和地图市场监管工作的情况。

④汇总、通报各地开展工作的情况并向各级政府和协调指导小组报告。

3. 地图市场产品的检查与常效管理

①地图市场中常见的问题地图及地图产品有：各类地图、地图册、地球仪、工艺品和玩具等。

②常见的问题地图销售地点是：书店、商场、工艺品商店等。

③管理方法是：经常巡查，发现问题地图及地图产品及时组织行政执法。

④常效管理的方法，如：对经销人员进行宣传教育、禁止销售违规地图产品的通知等。

⑤通过多种形式和途径宣传国家版图意识。

2.5 测绘市场监督管理

2.5.1 测绘市场

1. 测绘市场的含义

测绘市场是从事测绘活动的企业、事业单位、其他经济组织、个体测绘业者相互间以及它们与其他部门、单位和个人之间进行的测绘项目委托、承揽、技术咨询服务或测绘成果交易的活动。测绘市场活动的专业范围包括：大地测量、摄影测量与遥感、地图编制与地图印刷、数字化测绘与基础地理信息系统工程、工程测量、地籍测绘与房产测绘、海洋测绘等。

2. 承担测绘市场任务条件

①进入测绘市场承担测绘任务的单位、经济组织和个体测绘业者，必须持有国务院测绘行政主管部门或省、自治区、直辖市人民政府测绘主管部门颁发的《测绘资格证书》，并按资格证书规定的业务范围和作业限额从事测绘活动。

②测绘单位的测绘资质证书、测绘专业技术人员的执业资格证书和测绘人员的测绘作业证件不得伪造、涂改、转让、转借。

③测绘项目实行承发包的，应当遵守有关法律、法规的规定；测绘项目承包单位依法将测绘项目分包的，分包业务量不得超过国家的有关规定，接受分包的单位不得将测绘项目再次分包。测绘单位不得将承包的测绘项目转包。

2.5.2 测绘项目招标投标管理

县级以上地方人民政府测绘行政主管部门会同同级发展和改革部门、财政部门，按照法律、法规的规定，对本行政辖区内测绘项目招标、投标活动实施监督管理。

1. 招标方式发包的测绘项目

一般以招标方式发包的测绘项目主要有：

①基础测绘项目。

②使用财政资金达到一定额度的测绘项目。

③建设工程中用于测绘的投资超过一定数量的测绘项目。

④法律、法规和规章规定的其他应当招标的项目。

2. 可以邀请招标的测绘项目

经设区的市（州）以上有关行政管理或监督部门批准，可以邀请招标的测绘项目主要有：

①需要采用先进测绘技术或者专用测绘仪器设备，仅有少数几家潜在投标人可供选择的测绘项目。

②采用公开招标方式所需费用占项目总经费比例大到不符合经济合理性要求的测绘项目。

3. 可以不实行招标的测绘项目

以下测绘项目可以不采用招标的方式进行确定承接方：

①国家有关文件规定或者经国家安全部门认定，涉及国家安全和国家秘密的测绘项目。

②抢险救灾的测绘项目。

③突发事件需要测绘的项目。

④主要工艺、技术需要采用持定专利或者专有技术，潜在投标人不足三个的。

⑤法律、行政法规规定的其他测绘项目。

4. 招标的方法步骤

各地各单位根据当地的实际情况和项目的内容会有所不同。

①招投标由招标单位、投标单位、评标委员会组成，并由监督、公证和纪检部门全程监督。

②招标文件内容有：投标邀请书，投标人须知（包括总则、招标文件内容、投标文件的编制、投标文件的递交、开标与评标、中标与合同的签订、不正当竞争与纪律、解释权等），合同条件及格式，投标书格式，中标通知书格式，工程概况和技术要求。

③公告：方法有网上发布、信、函、电话邀请等。

④投标单位索取或购买招标文件及开标日期通知书。

⑤由招标单位和监督、公证、纪检部门在专家库中落实评标专家参加评标。

⑥召开开标会，宣读投标书。

⑦专家评标，推荐合格的中标人顺序。

⑧确定中标人和中标金额后签订合同书。

⑨招标人和中标人履行合同。

◎复习思考题

1. 测绘资质的分类标准有哪些？
2. 测绘资质的申请条件有哪几方面？
3. 测绘资质年度注册程序有哪几步？
4. 测绘资质年度注册核查的主要内容是什么？
5. 基础测绘的含义是什么？
6. 简述基础测绘组织实施的步骤。

7. 测绘成果的表现形式有哪些?
8. 测绘成果保密管理规定涉及哪几个方面?
9. 简述地图的重要性。
10. 论述承担测绘市场任务的条件。

第3章　测绘工程组织

3.1　组织的基本原理

组织是管理中的一项重要职能。建立精干、高效的项目机构并使之正常运行，是实现工程目标的前提条件。因此，组织的基本原理是必备的理论知识。

组织理论的研究分为两个相互联系的分支学科，即组织结构学和组织行为学。组织结构学侧重于组织的静态研究，即组织是什么，其研究目的是建立一种精干、合理、高效的组织结构；组织行为学则侧重组织的动态研究，即组织如何才能够达到其最佳效果，其研究目的是建立良好的组织关系。

3.1.1　组织和组织结构

1. 组织

所谓组织，就是为了使系统达到它特定的目标，使全体参加者经分工与协作以及设置不同层次的权力和责任制度而构成的一种人的组合体。它含有以下3层意思：

①目标是组织存在的前提；

②没有分工与协作就不是组织；

③没有不同层次的权力和责任制度就不能实现组织活动和组织目标。

作为生产要素之一，组织有如下特点：其他要素可以相互替代，如增加机器设备可以替代劳动力，而组织不能替代其他要素，也不能被其他要素所替代。但是，组织可以使其他要素合理配合而增值，即可以提高其他要素的使用效益。随着现代化社会大生产的发展，随着其他生产要素复杂程度的提高，组织在提高经济效益方面的作用也愈益显著。

2. 组织结构

组织内部构成和各部分间所确立的较为稳定的相互关系和联系方式，称为组织结构。以下几种提法反映了组织结构的基本内涵：

①确定正式关系与职责的形式；

②向组织各个部门或个人分派任务和各种活动的方式；

③协调各个分离活动和任务的方式；

④组织中权力、地位和等级关系。

3. 组织结构与职权的关系

组织结构与职权形态之间存在着一种直接的相互关系，这是因为组织结构与职位以及职位间关系的确立密切相关，因而组织结构为职权关系提供了一定的格局。组织中的职权指的就是组织中成员间的关系，而不是某一个人的属性。职权的概念是与合法地行使某一职位的权力紧密相关的，而且是以下级服从上级的命令为基础的。

4. 组织结构与职责的关系

组织结构与组织中各部门、各成员的职责的分派直接有关。在组织中，只要有职位就有职权，而只要有职权也就有职责。组织结构为职责的分配和确定奠定了基础，而组织的管理则是以机构和人员职责的分派和确定为基础的，利用组织结构可以评价组织各个成员的功绩与过错，从而使组织中的各项活动有效地开展起来。

3.1.2 组织设计

组织设计就是对组织活动和组织结构的设计过程，有效的组织设计在提高组织活动效能方面起着重大的作用。组织设计有以下要点：组织设计是管理者在系统中建立最有效相互关系的一种合理化的、有意识的过程。该过程既要考虑系统的外部要素，又要考虑系统的内部要素。组织设计的结果是形成组织结构。

1. 组织构成因素

组织构成一般是上小下大的形式，由管理层次、管理跨度、管理部门、管理职能四大因素组成。各因素是密切相关、相互制约的。

（1）管理层次

管理层次是指从组织的最高管理者到最基层的实际工作人员之间的等级层次的数量。

管理层次可分为三个层次，即决策层、协调层和执行层、操作层。决策层的任务是确定管理组织的目标和大政方针以及实施计划，它必须精干、高效；协调层的任务主要是参谋、咨询职能，其人员应有较高的业务工作能力，执行层的任务是直接调动和组织人力、财力、物力等具体活动内容，其人员应有实干精神并能坚决贯彻管理指令；操作层的任务是从事操作和完成具体任务，其人员应有熟练的作业技能。这三个层次的职能和要求不同，标志着不同的职责和权限，同时也反映出组织机构中的人数变化规律。

组织的最高管理者到最基层的实际工作人员权责逐层递减，而人数却逐层递增。如果组织缺乏足够的管理层次将使其运行陷于无序的状态。因此，组织必须形成必要的管理层次。不过，管理层次也不宜过多，否则会造成资源和人力的浪费，也会使信息传递慢、指令走样、协调困难。

（2）管理跨度

管理跨度是指一名上级管理人员所直接管理的下级人数。在组织中，某级管理人员的管理跨度的大小直接取决于这一级管理人员所需要协调的工作量。管理跨度越大，领导者需要协调的工作量越大，管理的难度也越大。因此，为了使组织能够高效地运行，必须确定合理的管理跨度。

管理跨度的大小受很多因素影响，它与管理人员性格、才能、个人精力、授权程度及被管理者的素质有关。此外，还与职能的难易程度、工作的相似程度、工作制度和程序等客观因素有关。确定适当的管理跨度，需积累经验并在实践中进行必要的调整。

（3）管理部门

组织中各部门的合理划分对发挥组织效应是十分重要的。如果部门划分不合理，会造成控制、协调困难，也会造成人浮于事，浪费人力、物力、财力。管理部门的划分要根据组织目标与工作内容确定，形成既有相互分工又有相互配合的组织机构。

（4）管理职能

组织设计确定各部门的职能，应使纵向的领导、检查、指挥灵活，达到指令传递快、信息反馈及时；使横向各部门间相互联系、协调一致，使各部门有职有责、尽职尽责。

2. 组织设计原则

项目机构的组织设计一般需考虑以下几项基本原则：

（1）集权与分权统一的原则

在任何组织中都不存在绝对的集权和分权。项目机构是采取集权形式还是分权形式，要根据工程的特点，工作的重要性等因素进行综合考虑。

（2）专业分工与协作统一的原则

对于项目机构来说，分工就是将目标，特别是投资控制、进度控制、质量控制三大目标分成各部门以及工作人员的目标、任务，明确干什么、怎么干。在分工中特别要注意以下三点：

①尽可能按照专业化的要求来设置组织机构；

②工作上要有严密分工，每个人所承担的工作，应力求达到较熟悉的程度；

③注意分工的经济效益。

在组织机构中还必须强调协作。所谓协作，就是明确组织机构内部各部门之间和各部门内部的协调关系与配合方法。在协作中应该特别注意：主动协作要明确各部门之间的工作关系，找出易出矛盾之点，加以协调。有具体可行的协作配合办法，对协作中的各项关系，应逐步规范化、程序化。

（3）管理跨度与管理层次统一的原则

在组织机构的设计过程中，管理跨度与管理层次呈反比例关系。这就是说，当组织机构中的人数一定时，如果管理跨度加大，管理层次就可以适当减少；反之，如果管理跨度缩小，管理层次肯定就会增多。一般来说，项目机构的设计过程中，应该在通盘考虑影响管理跨度的各种因素后，在实际运用中根据具体情况确定管理层次。

（4）权责一致的原则

在项目机构中应明确划分职责、权力范围，做到责任和权力相一致。从组织结构的规律来看，一定的人总是在一定的岗位上担任一定的职务，这样就产生了与岗位职务相适应的权力和责任，只有做到有职、有权、有责，才能使组织机构正常运行。由此可见，组织的权责是相对于预定的岗位职务来说的，不同的岗位职务应有不同的权责。权责不一致对组织的效能损害是很大的。权大于责就容易产生瞎指挥、滥用权力的官僚主义；责大于权就会影响管理人员的积极性、主动性、创造性，使组织缺乏活力。

（5）才职相称的原则

每项工作都应该确定为完成该工作所需要的知识和技能。可以对每个人通过考察他的学历与经历，进行测验及面谈等，了解其知识、经验、才能、兴趣等，并进行评审比较。职务设计和人员评审都可以采用科学的方法，使每个人现有的和可能有的才能与其职务上的要求相适应，做到才职相称，人尽其才，才得其用，用得其所。

（6）经济效率原则

项目机构设计必须将经济性和高效率放在重要地位。组织结构中的每个部门、每个人为了一个统一的目标，应组合成最适宜的结构形式，实行最有效的内部协调，使事情办得简洁而正确，减少重复和扯皮。

（7）弹性原则

组织机构既要有相对的稳定性，不要总是轻易变动，又要随组织内部和外部条件的变化，根据长远目标作出相应的调整与变化，使组织机构具有一定的适应性。

3.1.3 组织机构活动基本原理

组织机构的目标必须通过组织机构活动来实现。组织活动应遵循如下基本原理：

1. 要素有用性原理

一个组织机构中的基本要素有人力、物力、财力、信息、时间等。

运用要素有用性原理，首先应看到人力、物力、财力等要素在组织活动中的有用性，充分发挥各要素的作用，根据各要素作用的大小、主次、好坏进行合理安排、组合和使用，做到人尽其才、财尽其利、物尽其用，尽最大可能提高各要素的有用率。

一切要素都有作用，这是要素的共性，然而要素不仅有共性，而且还有个性。例如，同样是工程师，由于专业、知识、能力、经验等水平的差异，所起的作用也就不同。因此，管理者在组织活动过程中不但要看到一切要素都有作用，还要具体分析各要素的特殊性，以便充分发挥每一要素的作用。

2. 动态相关性原理

组织机构处在静止状态是相对的，处在运动状态则是绝对的。组织机构内部各要素之间既相互联系，又相互制约；既相互依存，又相互排斥，这种相互作用推动组织活动的进行与发展。这种相互作用的因子，叫做相关因子。充分发挥相关因子的作用，是提高组织管理效应的有效途径。事物在组合过程中，由于相关因子的作用，可以发生质变。一加一可以等于二，也可以大于二，还可以小于二。整体效应不等于其各局部效应的简单相加，这就是动态相关性原理。组织管理者的重要任务就在于使组织机构活动的整体效应大于其局部效应之和，否则，组织就失去了存在的意义。

3. 主观能动性原理

人和宇宙中的各种事物，运动是其共有的根本属性，它们都是客观存在的物质，不同的是，人是有生命、有思想、有感情、有创造力的。人会制造工具，并使用工具进行劳动；在劳动中改造世界，同时也改造自己；能继承并在劳动中运用和发展前人的知识。人是生产力中最活跃的因素，组织管理者的重要任务就是要把人的主观能动性发挥出来。

4. 规律效应性原理

组织管理者在管理过程中要掌握规律，按规律办事，把注意力放在抓事物内部的、本质的、必然的联系上，以达到预期的目标，取得良好效应。规律与效应关系非常密切，一个成功的管理者懂得只有努力揭示规律，才有取得效应的可能，而要取得好的效应，就要主动研究规律，坚决按规律办事。

3.2　测绘工程项目组织

项目组织在测绘项目的整个过程中具有十分重要的作用。组织好坏直接决定了项目的成本、项目的工期以及项目的质量。首先要做好测绘项目的目标管理，其次在项目组织过程中，对项目的生产全过程进行有效的控制，包括工期、成本、质量、资源配置等。

3.2.1　测绘项目目标管理

测绘项目目标实际上就是在规定的工期内尽量降低成本、保证质量，完成项目合同中所要求的所有测绘任务，这是总体目标。项目目标包括工期目标、成本目标和质量目标。

1. 工期目标

工期目标就是在项目合同规定的时间内完成整个项目。项目要通过不同的工序完成，例如地形图测量项目，要通过收集资料、技术设计、控制测量、图根测量、细部测量、检查验收等工序。工期目标应分解为各个工序的工期目标。各工序的工期目标集合起来就构成了项目的整体工期目标。

2. 成本目标

成本目标就是完成项目所需花费的目标数额，也可称为成本预算。任何项目都期望花尽量少的费用完成项目，但必须保证质量。成本可分解为人工成本、设备折旧或租用成本、消耗材料成本3大类成本。这3类成本还可按不同的工序进一步分解，例如地形图测量项目，在细部测量工序中，每个测量小组3人，配备1台全站仪、1台电脑，消耗材料包括1卷绘图纸、1箱复印纸、100根木桩、50枚道钉、4盒水泥钉、3支油性记号笔、2罐喷洒式油漆等。假定工期50天、整个项目需要10组进行细部测量、人工费200元每天、全站仪折旧费每天30元、电脑折旧费每天20元、绘图纸230元每卷、复印纸130元每箱、木桩0.5元每根、道钉2元每个、水泥钉6元每盒、油性记号笔15元每支、油漆16元每罐，则项目细部测量的成本目标为33万多元。同理，可算出其他项目工序的成本目标。全部工序的成本目标加起来就构成了整个项目的成本目标。

3. 质量目标

质量目标就是期望项目最终能够达到的质量等级。质量等级分为合格、良好和优秀。衡量项目质量有很详细的质量指标体系。测绘成果的质量由测绘成果检验部门检查验收评定。

3.2.2　测绘项目的资源配置

人员和设备是完成测绘项目资源配置的两个主要条件，项目应配置合适的人员和设备。下面分别讨论人员配置和设备配置。

1. 人员配置

测绘项目人员配置分为项目负责人、生产管理组、技术管理组、质量控制组、后勤服务部门（包含资料管理组、设备管理组、安全保障组、后勤保障组等），下面对各项目组职责及成员构成分别说明。

(1) 项目负责人

项目负责人一般由院长（总经理）担任，全面负责本项目的生产计划的实施，技术管理、质量控制、资料的安全保密管理等工作。

(2) 生产管理组

测绘项目中的生产管理组一般分为三个层次：项目生产负责人一般由生产院长（项目经理）担任、中队（部门）生产负责人一般由中队长（部门经理）担任、作业组生产负责人一般由各生产作业组长担任。项目负责人全面负责整个项目的工作，包括经费控制、进度控制、质量控制、人员管理等工作。中队（部门）生产负责人全面负责整个中队（部门）的生产工作，也包括经费控制、进度控制、质量控制、人员管理等工作。作业组生产负责人负责组的全面工作，作业组一般不负责经费管理，只负责作业组的进度、质量和人员管理。

(3) 技术管理组

测绘项目中的技术管理组一般分为三个层次：项目技术负责人一般由总工担任、中队（部门）技术负责人一般由中队（部门）工程师担任、作业组技术负责人一般由各生产作业组工程师担任。项目技术负责人是测绘项目的最高技术主管，负责整个项目的技术工作。中队（部门）技术负责人全面负责整个中队（部门）的技术工作。作业组是最基本的作业单位，每个组设一个技术组长，负责全组的技术工作，技术组长一般由组长兼任。作业员具体从事观测、进行数据处理等工作，作业组的组长（技术组长）也兼做作业员的工作。

(4) 质量控制组

测绘项目的质量控制组一般由质量控制办公室（部门）负责，对每一道工序进行质量检查。

(5) 后勤服务部门

后勤服务部门包含资料管理组、设备管理组、安全保障组、后勤保障组等，各自负责项目的后勤服务工作。

2. 设备配置

目前测绘项目的主要设备包括水准仪、经纬仪、全站仪、GPS 测量系统、航空摄影机、数字摄影测量工作站和数字成图系统等。这 7 类设备前 5 类属于外业设备，后 2 类属于内业设备。测绘项目要配备合适的设备。例如，地形图测绘，地形图的比例尺和范围大小不同，要采用不同的测绘方法及不同的测绘设备。

3.3 测绘工程项目的技术设计

3.3.1 测绘技术设计基本规定

1. 测绘技术设计概述

测绘技术设计是将顾客或社会对测绘成果的要求（即明示的、通常隐含的或必须履行的需求或期望）转换为测绘成果（或产品）、测绘生产过程或测绘生产体系规定的特性或规范的一组过程。

（1）测绘项目

测绘项目是由一组有起止日期的、相互协调的测绘活动组成的独特过程，该过程要达到符合包括时间、成本和资源的约束条件在内的规定要求的目标，且其成果（或产品）可提供社会直接使用和流通。测绘项目通常包括一项或多项不同的测绘活动，根据其内容不同可以分为大地测量、摄影测量与遥感、野外地形数据采集及成图、地图制图与印刷、工程测量、界线测绘、基础地理信息数据建库等测绘专业活动；也可根据测区的不同划分不同的专业活动；也可将两者综合考虑进行划分。

（2）测绘技术设计的目的

测绘技术设计的目的是为测绘项目制定切实可行的技术方案，保证测绘成果（或产品）符合技术标准和满足顾客要求，并获得最佳的社会效益和经济效益。因此，每个测绘项目作业前都应进行技术设计。

（3）测绘技术设计文件

测绘技术设计文件是为测绘成果（或产品）固有特性和生产过程或体系提供规范性依据的文件，是设计形成的结果，也是影响测绘成果（或产品）能否满足顾客要求和技术标准的关键因素。主要包括项目设计书、专业技术设计书以及相应的技术设计更改文件。

技术设计更改文件是设计更改过程中由设计人员提出并经过评审、验证（必要时）和审批的技术设计文件。技术设计更改文件既可以是对原设计文件的技术性更改，也可以是对原设计文件的技术性补充。

（4）设计过程

为了确保测绘技术设计文件满足规定要求的适宜性、充分性和有效性，测绘技术的设计活动应按照一定的设计过程进行。这个过程是一组将设计输入转化为设计输出的相互关联或相互作用的活动，主要包括策划、设计输入、设计输出、设计评审、验证（必要时）、审批和更改。

①设计输入。设计输入通常又称设计依据，与成果（或产品）、生产过程或生产体系要求有关，设计输出必须满足的要求或依据的基础性资料。

②设计输出。指设计过程的结果，测绘技术设计输出的表现形式为测绘技术设计文件。

③设计评审。是为确定设计输出达到规定目标的适宜性、充分性和有效性所进行的活动。

④设计验证。是通过提供客观证据，对设计输出满足输入要求的认定。

2. 测绘技术设计分类

测绘技术设计分为项目设计和专业技术设计。

①项目设计是对测绘项目进行的综合性整体设计，一般由承担项目的法人单位负责编写。

②专业技术设计是对测绘专业活动的技术要求进行设计，它是在项目设计基础上，按照测绘活动内容进行的具体设计，是指导测绘生产的主要技术依据，专业技术设计一般由

具体承担相应测绘专业任务的法人单位负责编写。

对于工作量较小的项目，可根据需要将项目设计和专业技术设计合并为项目设计。

3. 测绘技术设计编写依据

技术设计应依据设计输入内容，充分考虑顾客的要求，引用适用的国家、行业或地方的相关标准或规范，重视社会效益和经济效益。相关标准或规范一经引用，便构成技术设计内容的一部分。

技术设计方案应先考虑整体而后局部，而且应考虑未来发展。要根据作业区实际情况，考虑作业单位的资源条件，如作业单位人员的技术能力、仪器设备配置等情况，挖掘潜力，选择最适用的方案。

对已有的测绘成果（或产品）和资料，应认真分析和充分利用。对于外业测量，必要时应进行实地勘察，并编写踏勘报告。积极采用适用的新技术、新方法和新工艺。

4. 测绘技术设计书的编写要求

（1）技术设计书编写

①项目设计一般由承担项目的法人单位负责编写；专业技术设计一般由具体承担相应测绘专业任务的法人单位负责编写。

②内容明确，文字简练，对标准或规范中已有明确规定的，一般可直接引用，并根据引用内容的具体情况，标明所引用标准或规范名称、日期以及引用的章、条编号，且应在其引用文件中列出。对于作业生产中容易混淆和忽视的问题，应重点描述。

③名词、术语、公式、符号、代号和计量单位等应与有关法规和标准一致。

④技术设计书的幅面、封面格式和字体、字号等应符合相关要求。

⑤技术设计文件编写完成后，承担测绘任务的法人单位必须对其进行全面审核，并在技术设计文件和（或）产品样品上签署意见并签名（或章），一式二至四份报测绘任务的委托单位审批。

（2）精度指标设计

技术设计书不仅要明确作业或成果的坐标系、高程基准、时间系统、投影方法，而且须明确技术等级或精度指标。对于工程测量项目，在精度设计时，应综合考虑放样误差、构件制造误差等影响，既要满足精度要求，又要考虑经济效益。

（3）工艺技术流程设计

工艺技术流程设计应说明项目实施的主要生产过程和这些过程之间输入、输出的接口关系。必要时，应用流程图或其他形式清晰、准确的规定出生产作业的主要过程和接口关系。

（4）工程进度设计

工程进度设计应对以下内容作出规定：

①划分作业区的困难类别。

②根据设计方案，分别计算统计各工序的工作量。

③根据统计的工作量和计划投入的生产实力，参照有关生产定额，分别列出年度进度计划和各工序的衔接计划。

工程进度设计可以编绘工程进度图或工程进度表。

（5）质量控制设计

工程质量控制设计内容主要包括：

①组织管理措施：规定项目实施的组织管理和主要人员的职责和权限。

②资源保证措施：对人员的技术能力或培训的要求；对软、硬件装备的需求等。

③质量控制措施：规定生产过程中的质量控制环节和产品质量检查、验收的主要要求。

④数据安全措施：规定数据安全和备份方面的要求。

（6）项目经费预算

根据设计方案和进度安排编制分年度（或分期）经费和总经费计划，并作出必要说明。

（7）提交成果设计

提交的成果应符合技术标准和满足顾客要求，根据具体成果（或产品），规定其主要技术指标和规格，一般可包括成果（或产品）类型及形式、坐标系统、高程基准、重力基准、时间系统，比例尺、分带、投影方法，分幅编号及其空间单元，数据基本内容、数据格式、数据精度以及其他技术指标等。

3.3.2 测绘技术设计书的主要内容

技术设计实施前，承担设计任务的单位或部门的总工程师或技术负责人负责对测绘技术设计进行策划，并对整个设计过程进行控制。必要时，亦可指定相应的技术人员负责。

1. 收集资料

技术设计前，需要收集作业区自然地理概况和已有资料情况。

根据测绘项目的具体内容和特点，需要说明与测绘作业有关的作业区的自然地理概况，内容可包括：

（1）作业区的地形概况、地貌特征，如居民地、道路、水系、植被等要素的分布与主要特征，地形类别、困难类别、海拔高度、相对高差等。

（2）作业区的气候情况，如气候特征、风雨季节等。

（3）其他需要说明的作业区情况等。

对于收集到的已有资料，需说明其数量、形式、主要质量情况（包括已有资料的主要技术指标和规格等）和评价，说明已有资料利用的可能性和利用方案等。

说明项目设计书编写过程中所引用的标准、规范或其他技术文件。文件一经引用，便构成项目设计书设计内容的一部分。

2. 踏勘调查

为了保证技术设计的可行性和可操作性，根据项目的具体情况实施踏勘调查，并编写出踏勘报告。

踏勘报告应包含以下内容：

①作业区的行政区划、经济水平、踏勘时间、人员组成及分工、踏勘线路及范围。

②作业区的自然地理情况。

③作业区的交通情况。

④居民的风俗习惯和语言情况。

⑤作业区的供应情况。

⑥作业区的测量标志完好情况。

⑦对技术设计方案和作业的建议。

3. 项目设计（总体设计）

项目设计书的编写应包含以下内容：

（1）概述

说明项目来源、内容和目标、作业区范围和行政隶属、任务量、完成期限、项目承担单位和成果（或产品）接收单位等。

（2）作业区自然地理概况和已有资料情况

①作业区自然地理概况。根据测绘项目的具体内容和特点，根据需要说明与测绘作业有关的作业区自然地理概况。

②已有资料情况。说明已有资料的数量、形式、主要质量情况（包括已有资料的主要技术指标和规格等）和评价，说明已有资料利用的可能性和利用方案等。

（3）引用文件

说明项目设计书编写过程中所引用的标准、规范或其他技术文件。

（4）成果（或产品）主要技术指标和规格

说明成果（或产品）的种类及形式、坐标系统、高程基准，比例尺、分带、投影方法，分幅编号及其空间单元，数据基本内容、数据格式、数据精度以及其他技术指标等。

（5）设计方案

①软件和硬件配置要求。规定测绘生产过程中的硬、软件配置要求。主要包括：硬件，规定对生产过程所需的主要测绘仪器、数据处理设备、数据存储设备、数据传输网络等设备的要求。其他硬件配置方面的要求（如对于外业测绘，可根据作业区的具体情况，规定对生产所需的主要交通工具、主要物资、通信联络设备以及其他必需的装备等要求）。软件，规定对生产过程中主要应用软件的要求。

②技术路线及工艺流程。说明项目实施的主要生产过程和这些过程之间输入、输出的接口关系。必要时，应用流程图或其他形式清晰、准确的规定出生产作业的主要过程和接口关系。

③技术规定。主要内容包括：规定各专业活动的主要过程、作业方法和技术，质量要求，特殊的技术要求，采用新技术、新方法、新工艺的依据和技术要求。

④上交和归档成果（或产品）及其资料内容和要求。分别规定上交和归档的成果（或产品）内容、要求和数量，以及有关文档资料的类型、数量等。主要包括：成果数据，规定数据内容、组织、格式，存储介质，包装形式和标识及其上交和归档的数量等。文档资料，规定需上交和归档的文档资料的类型（包括技术设计文件、技术总结、质量检查验收报告、必要的文档簿、作业过程中形成的重要记录等）和数量等。

⑤质量保证措施和要求。

（6）进度安排和经费预算

①进度安排。应对以下内容做出规定：划分作业区的困难类别。根据设计方案，分别

计算统计各工序的工作量。根据统计的工作量和计划投入的生产实力，参照有关生产定额，分别列出年度计划和各工序的衔接计划。

②经费预算。根据设计方案和进度安排编制分年度（或分期）经费和总经费计划，并作出必要说明。

(7) 附录

内容包括：需进一步说明的技术要求；有关的设计附图、附表。

4. 专业技术设计（分项设计）

专业技术设计书的内容通常包括概述、测区自然地理概况与已有资料情况、引用文件、成果（或产品）主要技术指标和规格、技术设计方案等部分。

(1) 概述

主要说明任务的来源、目的、任务量、测区范围和作业内容、行政隶属以及完成期限等任务基本情况。

(2) 作业区自然地理概况与已有资料情况

①作业区自然地理概况。应根据不同专业测绘任务的具体内容和特点，根据需要说明与测绘作业有关的作业区自然地理概况。

②已有资料情况。主要说明已有资料的数量、形式、主要质量情况（包括已有资料的主要技术指标和规格等）和评价、说明已有资料利用的可能性和利用方案等。

(3) 引用文件

说明专业技术设计书编写过程中所引用的标准、规范或其他技术文件。文件一经引用，便构成专业技术设计书设计内容的一部分。

(4) 成果（或产品）主要技术指标和规格

根据具体成果（或产品），规定其主要技术指标和规格，一般包括成果（或产品）类型及形式、坐标系统、高程基准、时间系统，比例尺、分带、投影方法，分幅编号及其空间单元，数据基本内容、数据格式、数据精度以及其他技术指标等。

(5) 设计方案

具体内容应根据各专业测绘活动的内容和特点确定。设计方案的内容一般包括以下几个方面：

①硬件、软件环境及其要求：规定作业所需的测量仪器的类型、数量、精度指标以及对仪器校准或检定的要求，规定对作业所需的数据处理、存储、传输等设备的要求。规定对专业应用软件的要求和其他软、硬件配置方面需特别规定的要求。

②作业的技术路线或流程。

③各工序的作业方法、技术指标和要求。

④生产过程中的质量控制环节和产品质量检查的主要要求。

⑤数据安全、备份或其他特殊的技术要求。

⑥上交和归档成果及其资料的内容和要求。

⑦有关附录，包括设计附图、附表和其他有关内容。

3.3.3 专业技术设计书的主要内容和编写要求

根据专业测绘活动内容的不同，专业技术设计书可按大地测量、工程测量、摄影测量与遥感、野外地形数据采集及成图、地图制图与印刷、界线测绘、基础地理信息数据建库等专业分别设计。

1. 大地测量

(1) 任务概述

任务概述中应说明任务的来源、目的、任务量、测区范围和行政隶属等基本情况。

(2) 测区自然地理概况和已有资料情况

①测区自然地理概况。根据需要说明与设计方案或作业有关的测区自然地理概况。内容可包括测区地理特征、居民地、交通、气候情况和困难类别等。

②已有资料情况。说明已有资料的数量、形式、施测年代、采用的坐标系统、高程和重力基准、资料的主要质量情况和评价、利用的可能性和利用方案等。

(3) 引用文件

引用文件是指专业技术设计书编写中所引用的标准、规范或其他技术文件。文件一经引用，便构成专业技术设计书设计内容的一部分。

(4) 主要技术指标

说明作业或成果的坐标系统、高程基准、重力基准、时间系统、投影方法、精度或技术等级以及其他主要技术指标等。

(5) 设计方案

①选点、埋石。主要内容包括：规定作业所需的主要装备、工具、材料和其他设施。规定作业的主要过程、各工序作业方法和精度质量要求。

选点：测量线路、标志布设的基本要求，点位选址、重合利用旧点的基本要求，需要联测点的踏勘要求，点名及其编号规定，选址作业中应收集的资料和其他相关要求等。

埋石：测量标志、标石材料的选取要求，石子、沙、混凝土的比例，标石、标志、观测墩的数学精度，埋设的标石、标志及附属设施的规格、类型，测量标志的外部整饰要求，埋设过程中需获取的相应资料（地质、水文、照片等）及其他应注意的事项，路线图、点之记绘制要求，测量标志保护及其委托保管要求，其他有关的要求。

②平面控制测量。

- 全球定位系统（GPS）测量

内容主要包括：规定 GPS 接收机或其他测量仪器的类型、数量、精度指标以及对仪器校准或检定的要求。规定测量和计算所需的专业应用软件和其他配置。规定作业的主要过程、各工序作业方法和精度质量要求。确定观测网的精度等级和其他技术指标。规定观测作业各过程的方法和技术要求。规定观测成果记录的内容和要求（外业数据处理的内容和要求）、外业成果检查（或检验）、整理、预处理的内容和要求。基线向量解算方案和数据质量检核的要求。上交和归档成果及其资料的内容和要求。

- 三角测量和导线测量

内容主要包括：规定测量仪器的类型、数量、精度指标以及对仪器校准或检定的要求。规定测量和计算所需的计算机、软件及其他配置等。规定作业的主要过程、各工序作业方法和精度质量要求。说明所确定的锁（网或导线）的名称、等级、图形、点的密度、已知点的利用和起始控制情况。规定觇标类型和高度、标石的类型。水平角和导线边的测定方法和限差要求。三角点、导线点的高程测量方法、新旧点的联测方案。数据的质量检核、预处理及其他要求。上交和归档成果及其资料的内容和要求。

- 高程控制测量

内容主要包括：规定测量仪器的类型、数量、精度指标以及对仪器校准或检定的要求。规定测量和计算所需的专业应用软件及其他配置。规定作业的主要过程、各工序作业方法和精度质量要求。规定观测、联测、检测及跨越障碍的测量方法，观测的时间、气象条件及其他要求。规定观测记录的方法和成果整饰的要求。说明需要联测的气象站、水文站、验潮站和其他水准点。规定外业成果计算、检核的质量要求。规定成果重测和取舍的要求。必要时，规定成果的平差计算方法、采用软件和高差改正等技术要求。

- 重力测量

内容主要包括：规定测量仪器的类型、数量、精度指标以及对仪器校准或检定的要求。规定对重力仪的维护注意事项。规定测量和计算所需的专业应用软件和其他配置。规定测量仪器的运载工具及其要求。规定作业的主要过程、各工序作业方法和精度质量要求。其他特殊要求。

③大地测量数据处理。内容主要包括：规定计算所需的软、硬件配置及其检验和测试要求。规定数据处理的技术路线或流程。规定各过程作业要求和精度质量要求。其他有关的技术要求。

2. 工程测量

(1) 任务概述

说明任务来源、用途、测区范围、内容与特点等基本情况。

(2) 测区自然地理概况和已有资料情况

①测区自然地理概况。根据需要说明与设计方案或作业有关的测区自然地理概况。内容可包括测区的地理特征、居民地、交通、气候情况以及测区困难类别，测区有关工程地质与水文地质的情况等。

②已有资料情况。说明已有资料的施测年代、采用的平面基准、高程基准，资料的数量、形式、质量情况评价、利用的可能性和利用方案等。

(3) 引用文件

说明专业技术设计书编写中所引用的标准、规范或其他技术文件。文件一经引用，便构成专业技术设计书设计内容的一部分。

(4) 成果（或产品）规格和主要技术指标

说明作业或成果的比例尺、平面和高程基准、投影方式、成图方法、成图基本等高距、数据精度、格式、基本内容以及其他主要技术指标等。

(5) 设计方案

①平面和高程控制测量。平面控制测量和高程控制测量设计方案内容参照本节二的有关要求执行。

②施工测量。施工测量设计方案内容主要包括：规定测量仪器的类型、数量、精度指标以及对仪器校准或检定的要求。作业所需的专业应用软件及其他配置。规定作业的技术路线和流程。规定作业方法和技术要求，质量控制环节和质量检查的主要要求。上交和归档成果及其资料的内容和要求。有关附录。

③竣工测量。竣工测量设计方案内容主要包括：规定测量仪器的类型、数量、精度指标以及对仪器校准或检定的要求。规定作业所需的应用软件及其他配置。规定作业的技术路线和流程。规定作业方法和技术要求。质量控制环节和质量检查的主要要求。上交和归档成果及其资料的内容和要求。

④线路测量。线路测量包括铁路测量、公路测量、管线测量、架空索道和架空送电线路、光缆线路测量等。其设计方案内容主要包括：规定测量仪器的类型、数量、精度指标以及对仪器校准或检定的要求。规定作业所需的专业应用软件及其他配置。规定作业的技术路线和流程，规定作业方法和技术要求。质量控制环节和质量检查的主要要求。上交和归档成果及其资料的内容和要求。

⑤变形测量。变形测量设计方案内容主要包括：规定测量仪器的类型、数量、精度指标以及对仪器校准或检定的要求。规定作业所需的专业应用软件及其他配置。规定作业的技术路线和流程，规定作业方法和技术要求。上交和归档成果及其资料的内容和要求。

3. 摄影测量与遥感

（1）任务概述

说明任务来源、测区范围、地理位置、行政隶属、成图比例尺、任务量等基本情况。

（2）测区自然地理概况和已有资料情况

①测区自然地理概况。根据需要说明与设计方案或作业有关的作业区自然地理概况。内容可包括测区地形概况、地貌特征、海拔高度、相对高差、地形类别、困难类别和居民地、道路、水系、植被等要素的分布与主要特征，气候、风雨季节及生活条件等情况。

②已有资料情况。说明地形图资料采用的平面和高程基准、比例尺、等高距、测制单位和年代等。说明基础控制资料的平面和高程基准、精度及其点位分布。说明航摄资料的航摄单位、摄区代号、摄影时间、摄影机型号、焦距、像幅、像片比例尺、航高、底片（像片）质量、扫描分辨率。说明遥感资料数据的时相、分辨率、波段。说明资料的数量、形式，主要质量情况和评价。说明资料利用的可能性和利用方案等。

（3）引用文件

说明专业技术设计书编写中所引用的标准、规范或其他技术文件。文件一经引用，便构成专业技术设计书设计内容的一部分。

（4）成果（或产品）规格和主要技术指标

说明作业或成果的比例尺、平面和高程基准、投影方式、成图方法、图幅基本等高距、数据精度、格式、基本内容以及其他主要技术指标等。

（5）设计方案

①航空摄影。航空摄影技术设计的要求按 GB/T 19294-2003《航空摄影技术设计规范》执行。

②摄影测量。设计方案内容主要包括：软、硬件环境及其要求。规定作业所需的测量

仪器的类型、数量、精度指标以及对仪器校准或检定的要求。规定对作业所需的数据处理、存储与传输等设备的要求。规定对专业应用软件的要求和其他软、硬件配置方面需特别规定的要求。规定作业的技术路线或流程。规定各工序作业要求和质量指标。

控制测量，规定平面和高程控制点的布设方案及其相关的技术要求。规定平面和高程控制测量的施测方法、技术要求、限差规定和精度估算。

调绘，提出室内判绘和实地调绘的方案和技术要求。提出新增地物、地貌以及云影、阴影地区的补测要求。根据测区地理景观特征，对居民地、地形要求的特征和主要表示方法提出要求。其他关于地图要素的技术要求。

地名调查，规定确定地名的依据和方法、人口稠密和人烟稀少地区地名综合取舍要求，对少数民族地区地名应写明译音规则，对地名中的地方字要有统一的注释等。

碎部点测量，规定碎部点测量及其相关的技术要求。

影像扫描，规定扫描分辨率、色彩模式、数据格式、数据编辑、扫描质量等主要技术要求。

空中三角测量，确定加密方案及其要求。内容包括采用的空三系统、平差方法、检测点的选点规则和数量及其精度指标、技术要求和上交成果要求等。

数据采集和编辑，规定矢量数据的采集方法和编辑要求。包括数据的分层、编码、属性内容、数据编辑和接边、图幅裁切、图廓整饰等技术和质量的要求。规定数字高程模型格网间隔、格网点高程中误差、数据格式等技术、质量要求。规定数字正射影像图的分辨率、影像数据纠正、镶嵌、裁切、图廓整饰等技术、质量的要求。规定元数据的制作要求。对图历簿（文档簿）的样式和填写作出规定。

质量控制环节和质量检查的主要要求。成果上交和归档要求。

③遥感。设计方案主要包括以下内容：硬件平台和软件环境。作业的技术路线和工艺流程。规定遥感资料获取、控制和处理的技术和质量要求。可包括：遥感资料获取（说明选取遥感资料的基本要求，并说明所获取遥感资料的名称、摄影参数、范围、格式、质量情况等），控制要求（规定控制点选取的方法、点数及其分布和计算的精度要求等），处理要求（规定各工序如纠正、融合及其他内容等的技术要求及影像质量、误差精度要求等，规定遥感图像解译的方法、技术指标。如解译、形态、影像、色调及其整饰、注记的方法和技术要求等）。其他相关的技术、质量要求。质量控制环节和质量检查的主要要求。成果上交和归档要求。

4. 野外地形数据采集及成图

（1）任务概述

说明任务来源、测区范围、地理位置、行政隶属、成图比例尺、采集内容、任务量等基本情况。

（2）测区自然地理概况和已有资料情况

①测区自然地理概况。根据需要说明与设计方案或作业有关的测区自然地理概况。内容可包括测区地理特征、居民地、交通、气候情况和困难类别等。

②已有资料情况。说明已有资料的施测年代、采用的平面及高程基准、资料的数量、形式、主要质量情况和评价，利用的可能性和利用方案等。

（3）引用文件

说明专业技术设计书编写中所引用的标准、规范或其他技术文件。文件一经引用，便构成专业技术设计书设计内容的一部分。

（4）成果（或产品）规格和主要技术指标

说明作业或成果的比例尺、平面和高程基准、投影方式、成图方法、成图基本等高距、数据精度、格式、基本内容以及其他主要技术指标等。

（5）设计方案

设计方案内容主要包括：规定测量仪器的类型、数量、精度指标以及对仪器校准或检定的要求。规定作业所需的专业应用软件及其他配置。规定各类图根点的布设、标志的设置，观测使用的仪器、测量方法和测量限差的要求。规定作业方法和技术要求。质量控制环节和质量检查的要求。其他特殊要求。

5. 地图制图和印刷

（1）地图制图

①任务概述。说明任务来源、制图范围、行政隶属、地图用途、任务量、完成期限、承担单位等基本情况。对于地图集（册），还应重点说明其要反映的主体内容等。对于电子地图，还应说明软件基本功能及应用目标。

②作业区自然地理概况和已有资料情况。作业区自然地理概况。根据需要说明与设计方案或作业有关的作业区自然地理概况。

已有资料情况。说明已有资料采用的平面和高程基准、比例尺、等高距、测制单位和年代；资料的数量、形式；主要质量情况和评价。

③引用文件。说明专业技术设计书编写中所引用的标准，规范或其他技术文件。文件一经引用，便构成专业技术设计书设计内容的一部分。

④成果（或产品）规格和主要技术指标。说明地图比例尺、投影、分幅、密级、出版形式、坐标系统及高程基准、等高距、地图类别和规格、地图性质、精度以及其他主要技术指标等。

对于地图集（册），还应说明图集的开本及其尺寸、图集（册）的主要结构等主要情况。

对于电子地图，则应说明其主题内容、制图区域、比例尺、用途、功能、媒体集成程度、数据格式、可视化模型、数据发布方式及可视化模型表现等。

⑤设计方案。普通地图和专题地图设计方案。主要内容包括：说明作业所需的软、硬件配置。规定作业的技术路线和流程。规定所需作业过程、方法和技术要求。质量控制环节和质量检查的主要要求。最终提交和归档成果和资料的内容及要求。

其中对作业过程、方法和技术要求的规定有：地图扫描处理（规定地图扫描分辨率、色彩模式、数据格式、纠正方法、数据编辑的主要内容、色彩处理等作业方法和质量要求等）。数学基础（规定地图的数学基础及其作业方法和技术要求）、数据采集与编辑处理。如规定地图表示的数据内容、采集方法、要求表示关系的处理原则、数据接边以及数据编辑处理的其他要求等。规定地图的图面配置、图廓整饰、图幅裁切等技术、质量要求。规定地图各要素符号、注记等的表示要求，规定地图数据的色彩表示、输出分版或分色、排版式样、输出材料以及印刷原图的制作要求。规定地图集/册的详细结构、内容安排、排版样式。

电子地图设计方案。主要内容包括：制作电子地图以及多媒体制作与浏览所需的各种软、硬件配置要求。电子地图制作的技术路线和主要流程。电子地图制作的主要内容、方法和要求。最终提交和归档成果和资料的内容及要求。

其中对电子地图制作的主要内容，方法和要求的规定有：规定空间信息可视化对象的基本属性内容。规定多媒体可视化表现形式和对媒体数据的要求。规定对地图符号系统设计和地图层次结构（由主题信息内容、主题相关信息和背景信息内容等组成）设计、表现手段和要求。规定电子地图系统设计的主要内容。包括主题内容、表现形式、软件功能及应用目标。规定电子地图空间信息可视化的表现手段与基本形式。规定电子地图空间信息的流程结构和组织方式。规定电子地图的界面结构和交互方式。

（2）地图印刷

①任务概述。说明任务来源、性质、用途、任务量、完成期限等基本情况。

②印刷原图情况。说明印刷原图的种类、形式、分版情况、制作单位、精度和质量情况，并对存在的问题提出处理意见，说明其他有关资料的数量、形式、质量情况和利用方案等。

③引用文件。说明专业技术设计书编写中所引用的标准、规范或其他技术文件。文件一经引用，便构成专业技术设计书设计内容的一部分。

④主要质量指标。说明印刷的精度、印色、印刷的主要材料（如纸张、胶片、版材等）、装帧方法以及成品的主要质量、数量情况等。

⑤设计方案。确定印刷作业的主要工序和流程（必要时应绘制流程图）。

规定所需工序作业的方法和技术，质量要求，包括拼版的方法和要求。

制版：规定制版作业的方法，材料、技术和质量要求。

修版：规定修版的方法、内容和要求。

印刷：规定打样的种类、数量和质量要求。规定印刷设备、纸张类型、印色、印序和印数、印刷精度和墨色等要求。

装帧的方法、技术要求、采用的材料以及清样本的制作。

6. 界线测绘

（1）任务概述

说明任务来源、测区范围、行政隶属、测图比例尺、任务量等基本情况。

（2）测区自然地理概况和已有资料情况

①测区自然地理概况。根据需要说明与设计方案或作业有关的作业区自然地理概况。内容可包括测区的地理特征、居民地、道路、水系、植被等要素的主要特征，地形类别以及测区困难类别，经济总体发展水平，土地等级及利用概况等。

②已有资料情况。说明已有控制成果和图件的形式、采用的平面、高程基准，比例尺，大地点分布密度、等级，行政区划资料、质量情况评价，利用的可能性和利用方案等。对于地籍测绘和房产测绘，还应说明房屋普查资料、土地利用现状调查资料的现势性和可靠性、土地利用分类、土地权属单元的划分、城镇房产类别、房屋建筑结构分类等标

准的制订单位和年代等资料情况和利用方案。

(3) 引用文件

说明专业技术设计书编写中所引用的标准、规范或其他技术文件。文件一经引用，便构成专业技术设计书设计内容的一部分。

(4) 成果（产品）规格和主要技术指标

说明作业或成果的比例尺、平面和高程基准、投影方式、成图方法、数据精度、格式、基本内容，以及其他主要技术指标等。

(5) 设计方案

地籍测绘、房产测绘、境界测绘设计方案的内容主要包括：规定测量仪器的类型、数量、精度指标以及对仪器校准或检定的要求。规定作业所需的专业应用软件及其他配置。规定作业的技术路线和流程。规定作业方法和技术要求。质量控制环节和质量检查。上交和归档成果及其资料的内容和要求。

7. 基础地理信息数据建库

(1) 任务概述

说明任务来源、管理框架、建库目标、系统功能、预期结果、完成期限等基本情况。

(2) 已有资料情况

说明数据来源、数据范围、数据产品类型、格式、精度、数据组织、主要质量指标和基本内容等质量情况。并结合数据入库前的检查、验收报告或其他有关文件，说明数据的质量情况和利用方案。

(3) 引用文件

说明专业技术设计书编写中所引用的标准、规范或其他技术文件。文件一经引用，便构成专业技术设计书设计内容的一部分。

(4) 成果（或产品）规格和主要技术指标

说明数据库范围、内容、数学基础、分幅编号、成果（或产品）的空间单元、数据精度、格式及其他重要技术指标。

(5) 设计方案

设计方案内容主要包括：规定建库的技术路线和流程，应用流程图或其他形式。清晰、准确地规定建库的主要过程及其接口关系，系统软件和硬件的设计。规定建库的操作系统、数据库管理系统及有关的制图软件。规定数据库输入设备、输出设备、数据处理设备（如服务器、图形工作站及计算机等）、数据存储设备及其他设备的功能要求或型号、主要技术指标。规划网络结构（如网络拓扑结构、网线、网络连接设备）、数据库概念模型设计。规定数据库的系统构成、空间定位参考、空间要素类型及其关系、属性要素类型及其关系。数据库逻辑设计，应规定要素分类与代码、层（块）、属性项及值域范围以及数据安全性控制技术要求。数据库物理设计，应描述数据库类型（如关系型数据库、文件型数据库），软、硬件平台，数据库及其子库的命名规则、类型、位置及数据量。数据库管理和应用的技术规定数据库建库的质量控制环节和检查要求（包括对数据入库前的检查和整理要求）。上交和归档成果及其资料的内容和要求。

8. 地理信息系统

地理信息系统的设计应包括以下多项设计文档：

（1）需求规格说明书

①引言。编写目的、编写背景、定义、参考资料等。

②项目概述。项目目标、内容、现行系统的调查情况，系统运行环境，条件与限制等。

③系统数据描述。包括静态数据、动态数据、数据流图、数据库描述、数据字典、数据加工、数据采集等。

④系统功能需求。包括功能划分、功能描述等。

⑤系统性能需求。包括数据精确度、时间特性、适应性等。

⑥系统运行需求。包括用户界面、硬件接口、软件接口、故障处理等。

⑦质量保证。

⑧其他需求（如可使用性、安全保密性、可维护性、可移植性等）。

（2）系统设计

①系统总体设计。体系结构设计，C/S 结构或 B/S 结构的选择。软件配置与硬件网络架构（软件配置，硬件及网络环境设计）等。

②系统功能设计。根据需求分析结果设计系统功能。包括数据采集与加工、数据检查与入库、数据更新与维护、数据查询与浏览、数据输出与转换、数据发布与共享，元数据管理等。此外还可以包括控制测量成果管理、地名管理等。

③系统安全设计。网络的安全与保密，应用系统的安全措施，数据备份和恢复机制，用户管理等。

（3）数据库设计

参见“7. 基础地理信息数据建库”。

（4）详细设计说明书

①引言。背景、参考资料、术语和缩写语等。

②程序（模块）系统的组织结构。

③模块（子程序）设计说明。

模块（子程序）设计说明。包括输入项、输出项、处理过程、接口、存储分配、注释设计、限制条件、测试计划等。

3.3.4 设计评审、验证和审批

1. 设计评审

在技术设计的适当阶段，应对技术设计文件进行评审，以确保达到规定的设计目标。

设计评审应确定评审依据、评审目的、评审内容、评审方式以及评审人员等。其主要内容和要求有：设计输入的内容。评价技术设计文件满足要求（主要是设计输入要求）的能力。送审的技术设计文件或设计更改内容。依据评审的具体内容确定采取评审方式。确定评审人员。

2. 设计验证

为确保技术设计文件满足输入的要求，必要时应对技术设计文件进行验证。根据技术设计文件的具体内容，设计验证的方法有：

①将设计输入要求和相应的评审报告与其对应的输出进行比较验证。

②试验、模拟或试用，根据其结果验证输出符合其输入的要求。

③对照类似的测绘成果（或产品）进行验证。

④变换方法进行验证，如采用可替换的计算方法等。

⑤其他适用的验证方法。

3. 设计审批

为确保测绘成果（或产品）满足规定的使用要求或已知的预期用途的要求，应对技术设计文件进行审批。设计审批的依据主要包括设计输入内容、设计评审和验证报告等。

技术设计文件报批之前，承担测绘任务的法人单位必须对其进行全面审核，并在技术设计文件和（或）产品样品上签署意见并签名（或章）。技术设计文件经审核签字后，一式二至四份报测绘任务的委托单位审批。

◎复习思考题

1. 什么是组织？组织机构设置有哪些原则？
2. 简述测绘项目的资源配置有哪些。
3. 简答测绘技术设计的目的。
4. 简述测绘技术设计书的编写要求。
5. 试举例编写工程测量专业技术设计书。
6. 设计评审的内容和要求有哪些？

第4章　测绘工程的目标管理

4.1　测绘工程目标系统

任何工程项目都有投资、进度、质量三大目标，这三大目标构成了工程项目的目标系统。为了有效地进行目标控制，必须正确认识和处理投资、进度、质量三大目标之间的关系，并且合理确定和分解这三大目标。

工程项目投资、进度（或工期）、质量三大目标两两之间存在既对立又统一的关系。对此，首先要弄清在什么情况下表现为对立的关系，在什么情况下表现为统一的关系。从工程项目业主的角度出发，往往希望该工程的投资少、工期短（或进度快）、质量好。如果采取某种措施可以同时实现其中两个要求（如既投资少又工期短），则该两个目标之间就是统一的关系；反之，如果只能实现其中一个要求（如工期短），而另一个要求不能实现（如质量差），则该两个目标（即工期和质量）之间就是对立的关系。以下就具体分析工程项目三大目标之间的关系。

1. 工程项目三大目标之间的对立关系

工程项目三大目标之间的对立关系比较直观，易于理解。一般来说，如果对工程项目的功能和质量要求较高，就需要采用较好的设备、投入较多的资金。同时，还需要精工细作，严格管理，不仅增加人力的投入（人工费相应增加），而且需要较长的作业时间。如果要加快进度，缩短工期，则需要加班加点或适当增加设备和人力，这将直接导致作业效率下降，单位产品的费用上升，从而使整个工程的总投资增加。另一方面，加快进度往往会打乱原有的计划，使工程项目实施的各个环节之间产生脱节现象，增加控制和协调的难度。不仅有时可能“欲速不达”而且会对工程质量带来不利影响或留下工程质量隐患。如果要降低投资，就需要考虑有可能降低质量要求。同时，只能按费用最低的原则安排进度计划，整个工程需要的作业时间就较长。

以上分析表明，工程项目三大目标之间存在对立的关系。因此，不能奢望投资、进度、质量三大目标同时达到“最优”，即既要投资少，又要工期短，还要质量好。在确定工程项目目标时，不能将投资、进度、质量三大目标割裂开来，分别孤立地分析和论证，更不能片面强调某一目标而忽略其对其他两个目标的不利影响，而必须将投资、进度、质量三大目标作为一个系统统筹考虑，反复协调和平衡，力求实现整个目标系统最优。

2. 工程项目三大目标之间的统一关系

对于工程项目三大目标之间的统一关系，需要从不同的角度分析和理解。例如，加快进度、缩短工期虽然需要增加一定的投资，但是可以使整个工程项目提前完成，从而提早发挥投资效益，还能在一定程度上减少利息支出，如果提早发挥的投资效益超过因加快进度所增加的投资额度，则加快进度从经济角度来说就是可行的。如果提高功能和质量要求，虽然需要增加一次性投资，但是可能降低工程投入使用后的运行费用和维修费用，从全寿命费用分析的角度则是节约投资的；另外，在不少情况下，功能好、质量优的工程（如宾馆、商用办公楼）投入使用后的收益往往较高；此外，从质量控制的角度，如果在实施过程中进行严格的质量控制，保证实现工程预定的功能和质量要求（相对于由于质量控制不严而出现质量问题可认为是“质量好”），则不仅可减少实施过程中的返工费用，而且可以大大减少投入使用后的维修费用。另一方面，严格控制质量还能起到保证进度的作用。如果在工程实施过程中发现质量问题及时进行返工处理，虽然需要耗费时间，但可能只影响局部工作的进度，不影响整个工程的进度；或虽然影响整个工程的进度，但是比不及时返工而酿成重大工程质量事故对整个工程进度的影响要小，也比留下工程质量隐患到使用阶段才发现而不得不停止使用进行修理所造成的时间损失要小。

在确定工程项目目标时，应当对投资、进度、质量三大目标之间的统一关系进行客观的且尽可能定量的分析。在分析时要注意以下几方面问题：

①掌握客观规律，充分考虑制约因素。例如，一般来说，加快进度、缩短工期所提前发挥的投资效益都超过加快进度所需要增加的投资，但不能由此而导出工期越短越好的错误结论，因为加快进度、缩短工期会受到技术、环境、场地等因素的制约（当然还要考虑对投资和质量的影响），不可能无限制地缩短工期。

②对未来的、可能的收益不宜过于乐观。通常，当前的投入是现实的，其数额也是较为确定的，而未来的收益却是预期的、不很确定的。例如，提高功能和质量要求所需要增加的投资可以很准确地计算出来，但今后的收益却受到市场供求关系的影响，如果届时同类工程（如五星级宾馆、智能化办公楼）供大于求，则预期收益就难以实现。

③将目标规划和计划结合起来。如前所述，工程项目所确定的目标要通过计划的实施才能实现。如果工程项目进度计划制定得既可行又优化，使工程进度具有连续性、均衡性，则不但可以缩短工期，而且有可能获得较好的质量且耗费较低的投资。从这个意义上讲，优化的计划是投资、进度、质量三大 目标统一的计划。

在对测绘工程项目三大目标对立统一关系进行分析时，同样需要将投资、进度、质量三大目标作为一个系统统筹考虑，同样需要反复协调和平衡，力求实现整个目标系统最优也就是实现投资、进度、质量三大目标的统一。

4.2 目标控制原理

控制是工程项目管理的重要职能之一。控制通常是指管理人员按照事先制定的计划和标准，检查和衡量被控对象在实施过程中所取得的成果，并采取有效措施纠正所发生的偏差，以保证计划目标得以实现的管理活动。由此可见，实施控制的前提是确定合理的目标和制定科学的计划，继而进行组织设置和人员配备，并实施有效的领导。计划一旦开始执行，就必须进行控制，以检查计划的实施情况。当发现实施过程有偏离时，应分析偏离计划的原因，确定应采取的纠正措施，并采取纠正行动。在纠正偏差的行动中，继续进行实施情况的检查，如此循环，直至工程项目目标实现为止，从而形成一个反复循环的动态控制过程。

1. 控制的基本程序

控制程序如图 4.1 所示。

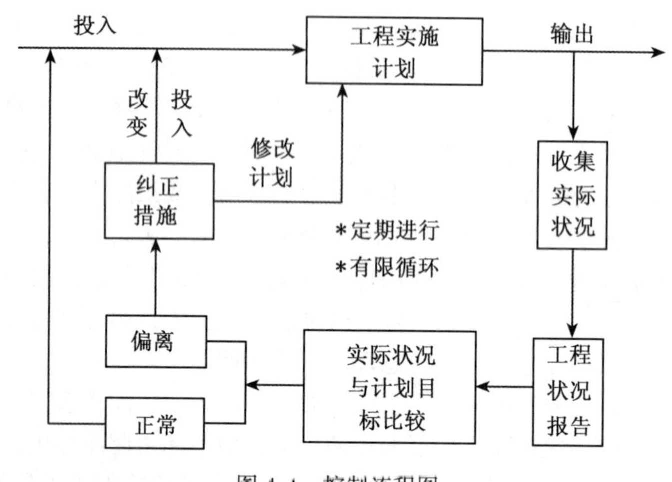

图 4.1 控制流程图

在控制过程中，都要经过投入、转换、反馈、对比、纠正等基本环节。如果缺少这些基本环节中的某一个，动态控制过程就不健全，就会降低控制的有效性。

(1) 投入

控制过程首先从投入开始。一项计划能否顺利地实现，基本条件是能否按计划所要求的人力、材料、设备、机具、方法和信息等进行投入。计划确定的资源数量、质量和投入的时间是保证计划实施的基本条件，也是实现计划目标的基本保障。因此，要使计划能够正常实施并达到预定目标，就应当保证将质量、数量符合计划要求的资源按规定时间和地点投入到工程建设中。项目管理人员如果能把握住对"投入"的控制，也就把握住了控制的起点要素。

(2) 转换

工程项目的实现总是要经由投入到产出的转换过程。正是由于这样的转换，才使投入的人、财、物、方法、信息转变为产出品，如设计图纸、分项（分部）工程、单位工程，最终输出完整的工程项目。在转换过程中，计划的执行往往会受到来自外部环境和内部系统多因素的干扰，造成实际进展情况偏离计划轨道。而这类干扰往往是潜在的，未被人们所预料或人们无法预料的。同时，由于计划本身不可避免地存在着程度不同的问题，因而造成实际输出结果与期望输出结果之间发生偏离。为此，项目管理人员应当做好"转换"过程的控制工作，跟踪了解工程实际进展情况，掌握工程转换的第一手资料，为今后分析偏差原因、确定纠正措施提供可靠依据。同时，对于那些可以及时解决的问题，采取"即时控制"措施，及时纠正偏差，避免"积重难返"。

(3) 反馈

反馈是控制的基础工作。对于一项即使认为制订得相当完善的计划，项目管理人员也难以对其运行的结果有百分之百的把握。因为在计划的实施过程中，实际情况的变化是绝对的，不变是相对的。每个变化都会对预定目标的实现带来一定的影响。因此，项目管理人员必须在计划与执行之间建立密切的联系，及时捕捉工程进展信息并反馈给控制部门，为控制服务。

为使信息反馈能够有效地配合控制的各项工作，使整个控制过程流畅地进行，需要设计信息反馈系统。它可以根据需要建立信息来源和供应程序，使每个控制和管理部门都能及时获得所需要的信息。

(4) 对比

对比是将实际目标成果与计划目标相比较，以确定是否有偏离。对比工作的第一步是收集工程实施成果并加以分类、归纳，形成与计划目标相对应的目标值，以便进行比较。对比工作的第二步是对比较结果进行分析，判断实际目标成果是否出现偏离。如果未发生偏离或所发生的偏离属于允许范围之内，则可以继续按原计划实施。如果发生的偏离超出允许的范围，就需要采取措施予以纠正。

(5) 纠正

当出现实际目标成果偏离计划目标的情况时，就需要采取措施加以纠正。如果是轻度偏离，通常可采用较简单的措施进行纠偏。如果目标有较大偏离时，则需要改变局部计划才能使计划目标得以实现。如果已经确定的计划目标不能实现，那就需要重新确定目标，然后根据新目标制定新计划，使工程在新的计划状态下运行。当然，最好的纠偏措施是把管理的各项职能结合起来，采取系统的办法。这不仅需要在计划上做文章，还要在组织、人员配备、领导等方面做文章。

总之，每一次控制循环结束都有可能使工程呈现出一种新的状态，或者是重新修订计划，或者是重新调整目标，使其在这种新状态下继续开展。

2. 控制的类型

由于控制方式和方法的不同，控制可分为多种类型。例如，按照事物发展过程，控制可分为事前控制、事中控制、事后控制。按照是否形成闭合回路，控制可分为开环控制和闭环控制。按照纠正措施或控制信息的来源，控制可分为前馈控制和反馈控制。归纳起来，控制可分为两大类，即主动控制和被动控制。

(1) 主动控制

主动控制就是预先分析目标偏离的可能性，并拟订和采取各项预防性措施，以使计划目标得以实现。主动控制是一种面对未来的控制，它可以解决传统控制过程中存在的时滞影响，尽最大可能改变偏差已经成为事实的被动局面，从而使控制更为有效。

主动控制是一种前馈控制。当控制者根据已掌握的可靠信息预测出系统将要输出偏离计划的目标时，就制定纠正措施并向系统输入，以便使系统的运行不发生偏离。主动控制又是一种事前控制，它必须在事情发生之前采取控制措施。

实施主动控制，可以采取以下措施：

①详细调查并分析研究外部环境条件，以确定影响目标实现和计划实施的各种有利和不利因素，并将这些因素考虑到计划和其他管理职能之中。

②识别风险，努力将各种影响目标实现和计划实施的潜在因素揭示出来，为风险分析和管理提供依据，并在计划实施过程中做好风险管理工作。

③用科学的方法制定计划。做好计划可行性分析，消除那些造成资源不可行、技术不可行、经济不可行和财务不可行的各种错误和缺陷，保障工程的实施能够有足够的时间、空间、人力、物力和财力，并在此基础上力求使计划得到优化。事实上，计划制定得越明确、完善，就越能设计出有效的控制系统，也就越能使控制产生更好的效果。

④高质量地做好组织工作，使组织与目标和计划高度一致，把目标控制的任务与管理职能落实到适当的机构和人员，做到职权与职责明确，使全体成员能够通力协作，为共同实现目标而努力。

⑤制定必要的备用方案，以对付可能出现的影响目标或计划实现的情况。一旦发生这些情况，因有应急措施做保障，从而可以减少偏离量，或避免发生偏离。

⑥计划应有适当的松弛度，即“计划应留有余地”。这样，可以避免那些经常发生但又不可避免的干扰因素对计划产生影响，减少“例外”情况产生的数量，从而使管理人员处于主动地位。

⑦沟通信息流通渠道，加强信息收集、整理和研究工作，为预测工程未来发展状况提供全面、及时、可靠的信息。

（2）被动控制

被动控制是指当系统按计划运行时，管理人员对计划的实施进行跟踪，将系统输出的信息进行加工、整理，再传递给控制部门，使控制人员从中发现问题，找出偏差，寻求并确定解决问题和纠正偏差的方案，然后再回送给计划实施系统付诸实施，使得计划目标一旦出现偏离就能得以纠正。被动控制是一种反馈控制。对项目管理人员而言，被动控制仍然是一种积极的控制，也是一种十分重要的控制方式，而且是经常采用的控制方式。

被动控制可以采取以下措施：

①应用现代化管理方法和手段跟踪、测试、检查工程实施过程，发现异常情况，及时采取纠偏措施。

②明确项目管理组织中过程控制人员的职责，发现情况及时采取措施进行处理。

③建立有效的信息反馈系统，及时反馈偏离计划目标值的情况，以便及时采取措施予以纠正。

（3）主动控制与被动控制的关系

对项目管理人员而言，主动控制与被动控制都是实现项目目标所必须采用的控制方式。有效地控制是将主动控制与被动控制紧密地结合起来，力求加大主动控制在控制过程中的比例，同时进行定期、连续的被动控制。只有如此，才能完成项目目标控制的根本任务。主动控制与被动控制的紧密结合。

3. 动态控制原理

项目管理的核心是投资目标、进度目标和质量目标的三大目标控制，目标控制的核心是计划、控制和协调，即计划值与实际值比较，而计划值与实际值比较的方法是动态控制原理。项目目标的动态控制是项目管理最基本的方法，是控制论的理论和方法在项目管理中的应用，因此，目标控制最基本的原理就是动态控制原理。

所谓动态控制，指根据事物及周边的变化情况，实时实地进行控制。

项目在实施过程中有时并不能够按照预定计划顺利地执行，因此必须实施控制。项目管理领域有一条重要的哲学思想：变是绝对的，不变是相对的；平衡是暂时的，不是永恒的；有干扰是必然的，没有干扰是偶然的。因此在项目实施过程中必须随着情况的变化进行项目目标的动态控制。

项目目标动态控制是一个动态循环过程，其工作程序如图 4.2 所示。项目进展初期，随着人力、物力、财力的投入，项目按照计划有序开展。在这个过程中，有专门人员陆续收集各个阶段的动态实际数据，实际数据经过搜集、整理、加工、分析之后，与计划值进行比较。如果实际值与计划值没有偏差，则按照预先制订计划继续执行。如果产生偏差，就要分析偏差原因，采取必要的控制措施，以确保项目按照计划正常进行。下一阶段工作开展过程中，按照此工作程序动态循环跟踪。

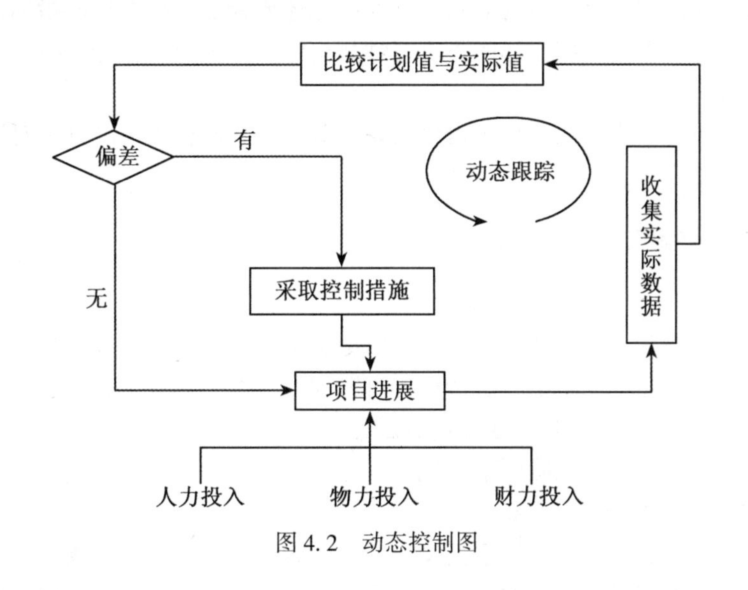

图 4.2　动态控制图

项目目标动态控制中的三大要素是目标计划值、目标实际值和纠偏措施。目标计划值是目标控制的依据和目的，目标实际值是进行目标控制的基础，纠偏措施是实现目标的途径。

项目目标的计划值是项目实施之前，以项目目标为导向制订的计划，其特点是项目的计划值不是一次性的，随着项目的进展计划值也需要逐步细化。因此在项目实施各阶段都要编制计划。在项目实施的全过程中，不同阶段所制订的目标计划值也需要比较，因此需要对项目目标进行统一的目标分解结构，以有利于目标计划值之间的对比分析。

目标控制过程中关键一环，是通过目标计划值和实际值的比较分析，以发现偏差，即项目实施过程中项目目标的偏离趋势和大小。这种比较是动态的、多层次的。同时，目标的计划值与实际值是相对的，如投资控制贯穿于项目实施全过程，初步设计概算相对于可行性研究报告中的投资匡算是“实际值”，相对于项目预算是“计划值”。

项目进展的实际情况，及正在进行的实际投资、实际进度和实际质量数据的获取必须准确。如实际投资不能漏项，要完整反映真实投资情况。

要做到计划值与实际值的比较，前提条件是各阶段计划数据与实际值要有统一的分解结构和编码体系，相互之间的比较应该是分层次、分项目的比较，而不单纯是总值之间的比较，只有各分项对应比较，才能找出偏差，分析偏差的原因并及时采取纠偏措施。

4.3 目标控制的风险评价与识别

企业在实现其目标的经营活动中，会遇到各种不确定性事件，这些事件发生的概率及其影响程度是无法事先预知的，这些事件将对经营活动产生影响，从而影响企业目标实现的程度。这种在一定环境下和一定限期内客观存在的、影响企业目标实现的各种不确定性事件就是风险。

风险管理工作的起点就是风险识别，即风险主体要弄清楚哪些经济指标未来的不确定性，可能需要加以管理，这些指标的不确定性是由什么事由导致，这些事由的原因是什么等。

风险识别为风险分析、风险评价提供对象和基础，从而也为风险管理对策提供工作方向。

4.3.1 风险要素与风险分类

1. 风险要素

当我们定义风险为人类预谋行为其结果的不确定性、而结果在大多数情况下可用数量指标表示时，我们实际上在暗示，有些事件可能导致这些指标未来的水平可能偏离正常的或预期的水平。这些事件我们可以叫做风险事件。

风险的组成因素包括：风险因素、风险事故和损失。

（1）风险因素

风险因素是指引起或增加风险事故发生的机会或扩大损失幅度的条件，是风险事故发生的潜在原因。风险因素可分为物质风险因素、道德风险因素和心理风险因素。

（2）风险事故

风险事故是指造成财产损失和人身伤亡的偶发事件。只有通过风险事故的发生，才能导致损失。风险事故意味着损失的可能成为现实，即风险的发生。

（3）损失

损失是指非故意的、非预期的和非计划的经济价值的减少。

风险是由风险因素、风险事故和损失三者构成的统一体。三者的关系为：风险因素引起或增加风险事故；风险事故发生可能造成损失。

2. 风险分类

常用的风险分类有如下几种：

（1）按照风险的性质划分：纯粹风险、投机风险

当风险事件发生（或不发生）时，其后果是人类财富的损失，只是损失的大小不同而已。无人能直接从风险事件中获益。

投机风险主要是价格风险。当风险事件发生时，一些风险主体从中获益，另一些风险主体则受损。投机风险的风险事件包括：商品价格波动、利率波动、汇率波动等。

（2）按照风险致损的对象划分：财产风险、人身风险、责任风险

财产风险：财产价值增减的不确定性。

人身风险：分为生命风险和健康风险。前者是寿命的不确定性，后者是健康状态的不确定性。

责任风险：社会经济体因职业或合同，对其他经济体负有财产或人生责任大小的不确定性。

（3）按照风险发生的原因划分：自然风险、社会风险、经济风险、政治风险

这是从风险源考虑问题，自然风险指自然不可抗力，如地震、海啸、风雨雷电等，带来的我们关心的数量指标的不确定性。

社会风险指社会中非特定个人的反常行为或不可预料的团体行为，如盗、抢、暴动、罢工等，带来的我们关心的数量指标的不确定性。

经济风险，则是风险主体的经济活动和经济环境因素，带来的我们关心的数量指标的不确定性。

政治风险，因种族、宗教、战争、国家间冲突、叛乱等，带来的我们关心的数量指标的不确定性。

（4）按照产生风险的环境划分：静态风险、动态风险

静态风险：自然力的不规则变动或人们的过失行为导致的风险。

动态风险：社会、经济、科技或政治变动产生的风险。

（5）按风险涉及范围划分：特定风险、基本风险

特定风险：与特定的人有因果关系的风险，即由特定的人所引起的，而且损失仅涉及特定个人的风险。

基本风险：其损害波及社会的风险。基本风险的起因及影响都不与特定的人有关，至少是个人所不能阻止的风险。与社会或政治有关的风险，与自然灾害有关的风险都属于基本风险。

3. 企业风险和个人风险

（1）企业的纯粹风险和投机风险

从风险管理的角度讲企业风险按纯粹风险和投机风险分类较适宜。

企业的纯粹风险包括：

①财产损失风险。由物理损害、被盗、政府征收而导致的公司财产损失的风险。

②法律责任风险。给供应商、客户、股东、其他团体带来的人身伤害或财产损失而必须承担法律责任的风险。

③员工伤害险。对雇员造成人身伤害而引起的赔偿风险。

④员工福利风险。由于雇员死、残、病而引起、依雇员福利计划需要支付费用的风险。

⑤信用风险。当企业作为债权人（如赊销、借出资金等）时，债务人有可能不按约定履行或不履行偿债义务。当企业作为债务人时，也可能不能按约定履行或不履行偿债义

务。两种情况都会给公司带来额外损失。

企业的投机风险则包括：商品价格风险（买价、卖价）、利率风险和汇率风险。

（2）个人风险

个人风险可罗列如下：收入风险、医疗费用风险、长寿风险、责任风险、实物资产与负债风险、金融资产与负债风险。

4.3.2 风险识别

1. 风险识别的特点和原则

（1）风险识别的特点

①个别性。任何风险都有与其他风险不同之处，没有两个是完全一致的。在风险识别时尤其要注意这些不同之处，突出风险识别的个别性。

②主观性。风险识别都是由人来完成的，由于个人的专业知识水平（包括风险管理方面的知识）、实践经验等方面的差异，同一风险由不同的人识别的结果就会有较大的差异。风险本身是客观存在，但风险识别是主观行为。在风险识别时，要尽可能减少主观性对风险识别结果的影响。要做到这一点，关键在于提高风险识别的水平。

③复杂性。工程所涉及的风险因素和风险事件均很多，而且关系复杂、相互影响，这给风险识别带来很强的复杂性。因此，工程风险识别对风险管理人员要求很高，并且需要准确、详细的依据，尤其是定量的资料和数据。

④不确定性。这一特点可以说是主观性和复杂性的结果。在实践中，可能因为风险识别的结果与实践不符而造成损失，这往往是由于风险识别结论错误导致风险对策略决策错误而造成的。由风险的定义可知，风险识别本身也是风险。因而避免和减少风险识别的风险也是风险管理的内容。

（2）严格识别的原则

在风险识别过程中应遵循以下原则：

①由粗及细，由细及粗。由粗及细是指对风险因素进行全面分析，并通过多种途径对工程风险进行分解，逐渐细化，以获得对工程风险的广泛认识，从而得到工程初始风险清单。确定那些对工程目标实现有较大影响的工程风险，作为主要风险，即作为风险评价以及风险对策的主要对象。

②严格界定风险内涵并考虑风险因素之间的相关性。对各种风险的内涵要严格加以界定，不要出现重复和交叉现象。另外，还要尽可能考虑各种风险因素之间的相关性，如主次关系、因果关系、互斥关系、正相关关系、负相关关系等。应当说，在风险识别阶段考虑风险因素之间的相关性有一定的难度，但至少要做到严格界定风险内涵。

③先怀疑，后排除。对于所遇到的问题都要考虑其是否存在不确定性，不要轻易否定或排除某些风险，要通过认真的分析进行确认或排除。

④排除与确认并重。对于肯定可以排除和肯定可以确认的风险应尽早予以排除和确认。对于一时既不能排除又不能确认的风险再作进一步的分析，予以排除或确认。最后，对于肯定不能排除但又不能肯定予以确认的风险按确认考虑。

⑤必要时，可作实验论证。对于某些按常规方式难以判定其是否存在，也难以确定其

对工程目标影响程度的风险，尤其是技术方面的风险，必要时可作实践论证。这样做的结论可靠，但要以付出费用为代价。

2. 风险识别的过程

工程自身及其外部环境的复杂性，给人们全面地、系统地识别工程风险带来了许多具体的困难，同时也要求明确工程风险识别的过程。

由于工程风险识别的方法与风险管理理论中提出的一般的风险识别方法有所不同，因而其风险识别的过程也有所不同。工程的风险识别往往是通过经验数据的分析、风险调查、专家咨询以及实验论证等方式，在对工程风险进行多维分解的过程中，认识工程风险，建立工程风险清单。

4.4 测绘工程项目成本控制

4.4.1 概述

测绘工程项目成本是测绘过程中各种耗费的总和。测绘工程项目成本管理，就是在保证满足工程质量、工期等合同要求的前提下，对项目实施过程中所发生的成本费用支出，有组织、有目标、有系统地进行预测、计划、控制、协调、核算、考核、分析等科学管理的工作。它是为了实现预定的成本目标，以尽可能地降低成本为宗旨的一项综合性的科学管理工作。测绘企业只有认清形势，建立适应市场的科学的成本管理机制，才能赢得社会信誉，赢得企业效益。

测绘项目成本管理的目标是在保证质量前提下，寻找进度和成本的最优解决方案，并采用先进的信息技术手段，应用现代科学成本管理方法对成本、进度进行有效的综合控制，给工程带来较大的效益。

测绘项目成本管理的内容贯穿于测绘项目管理活动的全过程和各个方面，从测绘项目合同的签订开始到实施准备、测绘，直至资料验收，每个环节都离不开成本管理工作。测绘工程项目成本管理的主要控制要素是工程质量、工程工期、施测安全。通过技术方案的制订、项目实施的核算和测绘成本管理等一系列活动来达到预定目标，实现盈利的目的。

4.4.2 成本预测

测绘工程项目的成本预测是根据测绘合同、招标文件和进度计划做出的科学预算，它是进行成本分析比较的基础，也是测绘过程中进行成本控制的目标。它的制定必须充分考虑如下因素：人、财、物等资源配置相对合理，各种资源的工作效率和可利用程度，难以避免的损耗、低效率，技术难度、自然环境造成的返工等。这样制定出来的目标成本切合实际，切实可行，操作起来虽有难度，但能够达到目标，从而具有客观性、科学性、现实性、激励性和稳定性。

成本预算是通过货币的形式来评价和反映项目工程的经济效果，是加强企业管理、实行经济核算、考核工程成本和编制工程进度计划的依据，是为科学编制合理的成本控制目标提供依据。因此，成本预测对成本计划的科学性、降低成本和提高经济效益，具有重要的作用。加强成本控制，首先要抓成本预测，成本预测的内容主要是使用科学的方法，结合合同价，根据各项目的测区条件、仪器设备、人员素质等对项目的成本目标进行预测。

1. 预测信息的获取与分析

掌握测绘工程信息，科学运筹前期工作。测绘工程项目预测是成本控制的重要前期工作，要充分认识项目成本预测的意义。

①首先要掌握该项目准确的工程信息，了解项目业主的机构职责、队伍状况、资质信誉等基本情况。

②掌握测绘工程项目的性质，弄清工程投资渠道和资金是否可以到位等情况。

③掌握测绘工程项目的主要内容，了解项目的工程量、简易程度、工期、人员、设备、业主的要求。

④分析在正常情况下完成该工程所需的人力、材料、仪器设备、外业施测杂费（外业施测人员的车费、餐费、住宿费等）、管理费、税金等所有的成本。

⑤测绘企业根据自身的综合因素，做出合理报价。

2. 成本控制目标的确定

做好测绘工程项目工、料、费用预测，确定成本控制目标。根据测绘工程项目的规模、标准、工期的长短、拟投入的人员设备的多少，按实际发生并参考以往测绘工程项目的历史数据，结合项目所在地的经济情况来综合预测项目工程的成本费用。

首先，分析测绘工程项目所需人员及人工费单价，再分析员工的工资水平及社会劳务的市场行情，根据工期及准备投入的人员数量分析该项工程合同价中人工费所占比例。

测绘工程项目中劳务费的支付在成本费用中所占比重较大，而且工期的长短和质量管理的控制都与人员有着重要的关联，所以应作为重点予以准确把握。

测算所需材料及费用，主要指外业施测过程中所需的各类测绘标志及其相关辅助材料的费用。

测算使用的仪器设备及费用。在测绘行业中，除测绘劳务费外，仪器设备的投入在成本费用中所占比重较大。而所需的仪器设备的型号应根据合同规定的项目标准来确定。设备的数量一般是根据工期以及总的工程量计算出来的，因此要测算实际将要发生的仪器费用。同时，还要计算需新购置仪器设备费的摊销费。

测算间接费用。间接费用占总成本的15%～20%，主要包括测绘企业管理人员的工资、办公费、工具用具使用费、财务费用等。

成本失控的风险分析。是对在本项目中实施可能影响目标实现的因素进行事前分析，通常可以从以下几方面来进行分析：

第一，对测绘工程项目技术特征的认识。

第二，对业主有关情况的分析，包括业主单位的信用、资金到位情况、组织协调能力等。

第三，对项目组织系统内部的分析，包括组织施测方案、资源配备、队伍素质等方面。

第四，对项目所在地的交通状况的分析。

第五，对气候的分析。气候的因素对工程的进度影响很大，特别是前期外业作业过程中，这一点很重要。

总之，通过对上述几种主要费用的预测，既可确定直接费用、间接费用的控制标准，也可确定必须在多长工期内完成该项目，达到项目管理的目标控制。所以说，成本预测是成本控制的基础。

4.4.3 降低成本计划

降低项目成本的方法有多种，概括起来可以从合同管理、组织、技术、经济等几个方面采取措施控制，找出有效途径，实现成本控制目标。

1. 成本分析

成本分析对各种成本（包括人工费、材料费、仪器设备费、其他直接费用、间接费用）进行分析、管理和收集。系统地研究成本变动因素，检查成本计划的合理性。通过分析，深入揭示成本变动规律，寻求降低工程项目成本的途径。

实际的利润也就是企业的效益（盈余值），是一种能全面衡量工程进度、成本状况的整体方法，其基本要素是用货币量代替工程量来测量工程的进度。因此，盈余值也反映了项目管理者的管理水平。

2. 采取组织措施控制工程成本

要明确项目部的机构设置与人员配备，明确管理部门、作业队伍之间职权关系的划分。项目一般实行项目责任制，由项目负责人统一管理，对整体利益负责任。项目部各成员要在保证质量的前提下，严格执行项目成本分析标准，确保正常情况下不超成本支出，如果遇到不可预见的情况，超成本较大时，应及时找出原因。在具体工作中，工作要仔细、资料要完整、签认要及时、索赔要主动。如属工程量追加，则应积极、及时同业主协调，追加费用。

3. 采取技术措施控制工程成本

要充分发挥技术人员的主观能动性，对主要技术方案做必要的技术经济论证，以寻求较为经济可靠的方案，从而降低工程成本，包括采用新技术、新方法、新材料等成本。

4. 采取经济措施控制工程成本

（1）加强合同管理，控制工程成本

合同管理是测绘项目管理的重要内容，也是降低工程成本，提高经济效益的有效途径。企业必须以工程承包合同为标准，确定适宜的质量目标。质量目标定得高，相应的质量标准也要高，投入也要增大。因此，每项工程要达到什么目标要事先认真研究，除树立品牌、扩大知名度外，要仔细研究承包合同的要求，恰当地把准合同要求的临界点。在具体工作中，应注意从三个角度把握好质量标准：

第一，对超标准创优工程，要从企业的宏观环境和自身实力出发，不可轻易做出不切实际的承诺，片面追求虚名，增加测绘工程成本。

第二，安全也是直接影响企业效益的一个方面，加强安全管理工作，势必在安全保护措施上增加投入或花费一定的管理精力。

第三，以合同为准则，搞好资金管理，及时确保工程款项按期收回。

（2）人工费控制

企业资源的有效配置、合理使用是发挥资源整体效能的技术环节。人力资源是决定其他资源能否合理有效配置的前提。而人工费一般占全部工程费很大的比例，所以要严格控制人工费。企业要制定出切实可行的劳动定额，要从用人数量上加以控制，有针对性地减少或缩短某些工序的工日消耗，力争做到实际结账不突破定额单价的同时，提高工效，提高劳动生产率。另外，还要加强工资的计划管理，提高出勤率和工时利用率，尤其要减少非生产用工和辅助用工，保证人工费不突破目标。

(3) 材料费的控制

要严格计算材料的使用计划。

(4) 仪器设备费的控制

根据细化后的组织实施方案，合理安排，充分利用仪器，减少停滞，保证仪器设备高效运转。

(5) 加强质量管理，控制返工率

在工程实施过程中，要严把工程质量关，各级质量自检人员定点、定岗、定责，加强测绘工序的质量自检，使管理工作真正贯彻到整个过程中。采取防范措施，做到工程一次合格，杜绝返工现象的发生，避免造成人、财、物等大量的投入而加大工程项目成本。

总之，只有成本预测成为行为目标，成本控制才有针对性。进行成本控制，成本预测也就失去了存在的意义，也就无从谈成本管理了。成本预测、成本控制又是降低成本的基础，三者之间，相辅相成，对测绘项目成本的控制起到十分重要的作用。

4.4.4 成本控制

项目成本控制就是在项目实施过程中对资源的投入、测绘过程及成果进行监督、检查和衡量，并采取措施确保项目成本目标的实现。成本控制的对象是工程项目，其主体则是人的管理活动，目的是合理使用人力、物力、财力，降低成本，增加效益。

成本控制是测绘项目能否对企业产生效益的关键。对于测绘项目的成本控制主要注重下面的几个环节。

1. 全员成本控制

成本控制涉及项目组织中的所有部门、班组和员工的工作，并与每一个员工的切身利益有关。实行岗位目标责任制，充分调动职工的工作积极性和主动性，增强责任感和紧迫感，使每个部门、班组和每一名员工控制成本、关心成本，真正树立起全员控制的观念。针对测绘项目的性质不同，可以实行包干制、月薪制、日薪制等。

2. 全程成本控制

首先要把计划的方针、任务、目标和措施等逐一分解落实，越具体越好，要落实到班组甚至个人。责任要全面，既要有工作责任，更要有成本责任，责、权、利相结合，对责任人的业绩进行检查和考评，并同其工资、奖金挂钩，做到奖罚分明。

项目成本的发生涉及项目的整个周期。项目成本形成的全过程，是从项目的准备开始，经测绘过程至资料验收移交后的后期服务的结束。因此，成本控制工作要伴随项目实施的每一阶段，如在准备阶段要制定最佳的组织实施方案。实施阶段按照业主要求和技术规范要求，充分利用现有的资源，减少成本支出，并确保工程质量，减少工程返工费和工程移交后的后期服务费用。程资料验收、移交阶段，要及时依合同价款办理工程结算，使工程成本自始至终处于有效控制之下。

3. 动态控制原则

成本控制是在不断变化的环境下进行的管理活动，所以必须坚持动态控制的原则。所谓动态控制，就是将人、财、物投入到测绘工程项目实施过程中，收集成本发生的实际值，将其与目标值相比较，检查有无偏差，若无偏差，则继续进行，否则要找出具体原因，采取相应措施。实施成本控制过程应遵循“例外”管理方法，所谓“例外”是指在工程项目建设活动中那些不经常出现的问题，但其中的关键性问题对成本目标的顺利完成影响重大，也必须予以高度重视。在项目实施过程中属于“例外”的情况如：测区征地，拆迁范围红线业主临时变更，临时租用费的上升，天气的原因工期无法及时完成，仪器设备的损毁与检修等。这些情况会影响工程项目进度的顺利进行。

4. 节约原则

节约就是项目实施过程中人力、物力和财力的节省，是成本控制的基本原则。节约绝对不是消极地限制与监督，而是要积极创造条件，要着眼于成本的事前监督、过程控制，在实施过程中经常检查是否出现偏差。优化施工方案，从而提高项目的科学管理水平以达到节约的目标。

只有把测绘项目成本管理与测绘实际工作相结合，有组织、有系统地进行预测、计划、控制、协调、核算、考核、分析等科学管理工作，并建立适宜的激励约束机制，才能使测绘企业的经济效益不断提高，立足于更加激烈的竞争市场。

◎复习思考题

1. 测绘工程项目三大目标之间的关系是什么？
2. 目标控制的基本程序是什么？
3. 目标控制有哪些基本类型？
4. 目标控制的风险识别与风险控制有哪些？
5. 如何进行测绘工程项目的成本控制？

第5章 测绘工程的质量控制

5.1 质量术语

质量，是一个企业的生命，是一个地区、一个行业经济振兴和发展的基石，也是一个国家科技水平和管理水平的综合表征，是一个民族、一个国家素质的反映。

同时，质量也是质量管理基本概念中一个最基本、最重要的概念。为此，首先应该弄清质量及其有关的一些术语。

1. 质量

一组固有特性满足明示的、通常隐含的或必须履行的需求或期望的程度。

2. 质量管理体系

在质量方面指挥和控制组织的管理体系。

3. 质量策划

策划是质量管理的一部分，致力于制定质量目标并规定必要的运行过程和相关资源以实现质量目标。编制质量计划可以是质量策划的一部分。

理解要点：

①质量活动是从质量策划开始的，质量策划包括规定质量目标，为实现质量目标而规定所需的过程和资源。

②质量策划是组织的持续性活动，要求组织进行质量策划并确保质量策划在受控状态下进行。

③质量策划是一系列活动（或过程），质量计划是质量策划的结果之一。质量策划、质量控制、质量改进是质量管理大师朱兰提出的质量管理的三个阶段。

4. 质量控制

质量控制是质量管理的一部分，致力于满足质量要求。

理解要点：

①质量控制的目标是确保产品、过程或体系的固有特性达到规定的要求。

②质量控制的范围应涉及与产品质量有关的全部过程。以及影响过程质量的人、机、料、法、环、测等因素。

5. 质量保证

质量保证是质量管理的一部分，致力于提供质量要求会得到满足的信任。

理解要点：

①质量保证的核心在于提供足够的信任使相关方（包括顾客、管理者或最终消费者

等）确信组织的产品能满足规定的质量要求。

②组织应建立、实施、保持和改进其质量管理体系，以确保产品符合质量要求。

③提供必要的证据，证实建立的质量管理体系满足规定的要求，使顾客或其他相关方相信，组织有能力提供满足规定要求的产品，或已提供了符合规定要求的产品。

6. 质量改进

质量管理的一部分，致力于增强满足质量要求的能力。要求可以是有关任何方面的，如有效性、效率或可追溯性。

理解要点：

①影响质量要求的因素会涉及到组织的各个方面，在各个阶段、环节、职能、层次均有改进机会，因此组织的管理者应发动全体成员并鼓励他们参与改进活动。

②改进的重点是提高满足质量要求的能力。

7. 质量保证

质量保证指为使人们确信某一产品、过程或服务的质量所必须的全部有计划有组织的活动。也可以说是为了提供信任表明实体能够满足质量要求，而在质量体系中实施并根据需要进行证实的全部有计划和有系统的活动。

质量保证就是按照一定的标准生产产品的承诺、规范、标准。由国家质量技术监督局提供产品质量技术标准。即生产配方、成分组成，包装及包装容量多少、运输及贮存中注意的问题，产品要注明生产日期、厂家名称、地址等，经国家质量技术监督局批准这个标准后，公司才能生产产品。国家质量技术监督局就会按这个标准检测生产出来的产品是否符合标准要求，以保证产品的质量符合社会大众的要求。

为使人们确信某实体能满足质量要求，而在质量体系中实施并根据需要进行证实的全部有计划、有系统的活动，称为质量保证。显然，质量保证一般适用于有合同的场合，其主要目的是使用户确信产品或服务能满足规定的质量要求。如果给定的质量要求不能完全反映用户的需要，则质量保证也不可能完善。质量控制和质量保证是采取措施，以确保有缺陷的产品或服务的生产和设计符合性能要求。其中质量控制包括的原材料，部件，产品和组件的质量监管，与生产相关的服务和管理，生产和检验流程。

5.2 质量体系的建立、实施与认证

质量管理体系是企业内部建立的、为保证产品质量或质量目标所必需的、系统的质量活动。它根据企业特点选用若干体系要素加以组合，加强从设计研制、生产、检验、销售、使用全过程的质量管理活动，并予制度化、标准化，成为企业内部质量工作的要求和活动程序。客观地说，任何一个企业都有其自身的质量管理体系，或者说都存在着质量管理体系，然而企业传统的质量管理体系能否适应市场及全球化的要求，并得到认可却是一个未知数。因此，企业建立一个国际通行的质量管理体系并通过认证是提升企业质量管理水平，增强自身竞争力的第一步。

5.2.1 质量管理体系的建立与实施

质量管理体系的建立与实施所包含的内容很多，主要包括以下几个方面：

1. 质量方针和质量目标的确定

根据企业的发展方向、组织的宗旨，确定与之相适应的质量方针，并做出质量承诺。在质量方针提供的质量目标框架内明确规定组织以及相关职能等各层次上的质量目标，同时要求质量目标应当是可测量的。

2. 质量管理体系的策划

组织依据质量方针和质量目标，应用过程方法对组织应建立的质量管理体系进行策划。在质量管理体系策划的基础上，还应进一步对产品实现过程和相关过程进行策划。策划的结果应满足企业的质量目标及相应的要求。

3. 企业人员职责与权限的确定

组织依据质量管理体系以及产品实现过程等策划的结果，确定各部门、各过程及其他与质量有关的人员所应承担的相应职责，并赋予其相应的权限，确保其职责和权限得以沟通。

4. 质量管理体系文件的编制

组织应依据质量管理体系策划以及其他策划的结果确定管理体系文件的框架和内容，在质量管理体系文件的框架内，明确文件的层次、结构、类型、数量、详略程度，并规定统一的文件格式。

5. 质量管理体系文件的学习

在质量管理体系文件正式发布前，认真学习质量管理体系文件对质量管理体系的真正建立和有效实施起着至关重要的作用。只有企业各部门、各级人员清楚地了解到质量管理体系文件对本部门、本岗位的要求以及与其他部门、岗位之间的相互关系的要求，才能确保质量管理体系在整个组织内得以有效实施。

6. 质量管理体系的运行

质量管理体系文件的签署意味着企业所规定的质量管理体系正式开始实施运行。质量管理体系运行主要体现在两个方面：一是组织所有质量活动都依据质量管理体系文件的要求实施运行。二是组织所有质量活动都在提供证据，以证实质量管理体系的运行符合要求并得到有效实施和保持。

7. 质量管理体系的内部审核

质量管理体系的内部审核是组织自我评价、自我完善的一种重要手段。企业通常在质量管理体系运行一段时间后，组织内审人员对质量管理体系进行内部审核，以确保质量管理体系的适用性和有效性。

8. 质量管理体系的评审

在内部审核的基础上，组织的最高管理者应就质量方针、质量目标，对质量管理体系进行系统的评审，一般也称为管理评审。其目的在于确保质量管理体系持续的适宜性、充分性、有效性。通过内部审核和管理评审，在确认质量管理体系运行符合要求并且有效的基础上，组织可向质量管理体系认证机构提出认证申请。

5.2.2 质量管理体系认证的实施程序

质量管理体系认证的实施程序：

1. 提出申请

申请单位向认证机构提出书面申请。

经审查符合规定的申请要求，则决定接受申请，由认证机构向申请单位发出“接受申请通知书”，并通知申请方下一步与认证有关的工作安排，预交认证费用。若经审查不符合规定的要求，认证机构将及时与申请单位联系，要求申请单位作必要的补充或修改，符合规定后再发出“接受申请通知书”。

2. 认证机构进行审核。

认证机构对申请单位的质量管理体系审核是质量管理体系认证的关键环节，其基本工作程序是：

①文件审核。

②现场审核。

③提出审核报告。

3. 获准认证后的监督管理

认证机构对获准认证（有效期为 3 年）的供方质量管理体系实施监督管理。这些管理工作包括：供方通报、监督检查、认证注销、认证暂停、认证撤销，认证有效期的延长等。

5.2.3 质量管理体系的认证

质量管理体系认证是指依据质量管理体系标准，经认证机构评审，并通过质量管理体系注册或颁发证书来证明某企业或组织的质量管理体系符合相应的质量管理体系标准的活动。

质量管理体系认证由认证机构依据公开发布的质量管理体系标准和补充文件，遵照相应认证制度的要求，对申请方的质量管理体系进行评价，合格的由认证机构颁发质量管理体系认证证书，并实施监督管理。

认证所遵循原则包括：

1. 坚持自愿申请的原则

除强制性的认证及特殊领域的质量体系的认证外，质量管理体系认证坚持自愿申请的原则，但企业在认证机构颁发认证证书和标志后应接受其严格的监督管理。

2. 坚持促进质量管理体系有效运行的原则

认证的最终目的是提高企业产品质量和市场竞争力，质量管理体系的有效运行是促进企业不断完善质量管理体系的根本保障。

3. 积极采用国际标准，消除贸易技术壁垒的原则

贸易技术壁垒是指各国、地区制定或实施了不恰当的技术法规、标准、合格评定程序等，给国际贸易造成的障碍。只有消除不必要的技术壁垒，才能达到质量认证的另一目的，即促进市场公平、公开和公正的质量竞争。

4. 坚持透明的原则

质量管理体系认证由具有法人地位的第三方认证机构承担，并接受相应的监督管理，依靠其公正、科学和有效的认证服务取得权威和信誉，认证规则、程序、内容和方法均公开、透明，避免认证机构之间的不正当竞争。

5.3 影响测绘工程质量因素的控制

影响工程质量的因素主要有“人、机、料、法、环”等因素。在测绘工程质量管理中，影响质量的因素主要有“人、仪器和环境”三方面。因此，事先对这三方面的因素严格予以控制，是保证测绘工程项目质量的关键。

5.3.1 人的控制

人，指直接参与测绘工程实施的决策者、组织者、指挥者和操作者。人，作为控制的对象，是避免产生失误，作为控制的动力，是充分调动人的积极性，发挥人的因素第一的主导作用。

为了避免人的失误，调动人的主观能动性，增强人的责任感和质量观，达到以工作质量保工序质量，促工程质量的目的，除了加强政治思想教育、劳动纪律教育、职业道德教育、专业技术知识培训，建全岗位责任制，改善劳动条件，公平合理的激励外，还需根据测绘工程项目的特点，从确保质量出发，本着适才适用，扬长避短的原则来控制人的使用。

在测绘工程质量控制中，应从以下几方面来考虑人对质量的影响：

①领导者的素质。

②人的理论、技术水平。

③人的心理行为。

④人的错误行为。

⑤人的违纪违章。

5.3.2 仪器设备的控制

仪器设备的选择，应本着因工程制宜，按照技术上先进，经济上合理，生产上适用，性能上可靠，操作上方便等原则。

测绘工程必须采用一定的仪器或工具，而每一种仪器都具有一定的精密度，这使观测结果受到相应的影响。此外仪器本身也有一定的误差，必然会对测绘工程的观测结果带来误差。

5.3.3 环境因素的控制

环境因素对测绘工程质量的影响，具有复杂多变的特点，如气象条件就变化万千，温度、湿度、大气折光、大风、暴雨、酷暑、严寒都对观测成果质量产生影响。因此，观测值也就不可避免地存在着误差。

在测绘工程的整个过程中，不论观测条件如何，观测结果都含有误差。但粗差在测量结果中是不允许存在的，它会严重影响观测成果的质量，因此要求测量人员要具有高度的责任心和良好的工作作风，严格执行国家规范，坚持边工作边检查的原则，避免粗差的发生。为了杜绝粗差，除认真仔细地进行作业外，还要采取必要的检查措施。如对未知量进行多余观测，以便用一定的几何条件检验或用统计方法进行检验。

5.4 测绘工程实施过程中的质量控制

测绘工程生产质量是测绘工程质量体系中一个重要组成部分，是实现测绘产品功能和使用价值的关键阶段，生产阶段质量的好坏，决定着测绘产品的优劣。测绘工程生产过程就是其质量形成的过程，严格控制生产过程各个阶段的质量，是保证其质量的重要环节。

5.4.1 测绘工程质量的特点及控制方针

1. 测绘工程质量特点

测绘工程产品质量与工业产品质量的形成有显著的不同，测绘工程工艺流动，类型复杂，质量要求不同，操作方法不一。特别是露天生产，受天气等自然条件制约因素影响大，生产具有周期性。所有这些特点，导致了测绘工程质量控制难度较大。具体表现在：

①制约测绘工程质量的因素多，涉及面广。测绘工程项目具有周期性，人为和自然的很多因素都会影响到成果质量。

②生产质量的离散度和波动性大，测绘工程质量变异性强。测绘项目涉及面广、参与人员素质参差不齐，且一般具有不可重复性，使得测绘工程个体质量稍不注意即有可能出现质量问题，特别是关键位置的测绘质量将直接影响到整体工程质量。

③质量隐蔽性强。测绘工程大部分只能在工程完工后才能发现质量问题，因此，在测绘生产过程中必须现场管理，以便及时发现测绘质量问题。

所以，对测绘工程质量应加倍重视、一丝不苟、严加控制，使质量控制贯穿于测绘生产的全过程，对测绘工程量大、面广的工程，更应该注意。

2. 测绘工程质量控制的方针

质量控制是为达到质量要求所采取的作业技术和活动。它的目的在于，在质量形成过程中控制各个过程和工序，实现以“预防为主”的方针，采取行之有效的技术措施，达到规定要求，提高经济效益。

“质量第一”是我国社会主义现代化建设的重要方针之一，是质量控制的主导思想。测绘工程质量是国家建设各行各业得以实现的基本保证。测绘工程质量控制是确保测绘质量的一种有效方法。

5.4.2 测绘工程质量控制的实施

1. 测绘生产质量控制的内容和要求

①坚持以预防为主，重点进行事前控制，防患于未然，把质量问题消除在萌芽状态。

②既应坚持质量标准，严格检查，又应热情帮助促进。

③测绘生产过程质量控制的工作范围、深度、采用何种工作方式，应根据实际需要，结合测绘工程特点、测绘单位的能力和管理水平等因素，事先提出质量检查要求大纲，作为合同条件的组成内容，在测绘合同中明确规定。

④在处理质量问题的过程中，应尊重事实，尊重科学，立场公正，谦虚谨慎，以理服人，做好协调工作。

2. 测绘人员的素质控制

人员的素质高低，直接影响产品的优劣。质量控制的重要任务之一就是推动测绘生产单位对参加测绘生产的各层次人员特别是专业人员进行培训。在分配上公正合理，并运用各种激励措施，调动广大人员的积极性，不断提高人员的素质，使质量控制系统有效地运行。在测绘生产人员素质控制方面，应主要抓三个环节。

（1）人员培训

人员培训的层次有领导者、测量技术人员、队（组）长、操作者的培训。培训重点是关键测量工艺和新技术、新工艺的实施，以及新的测量规范、测量技术操作规程的操作等。

（2）资格评定

应对特殊作业、工序、操作人员进行考核和必要的考试、评审，如对其技能进行评定，颁发相应的资格证书或证明，坚持持证上岗等。

（3）调动积极性

健全岗位责任制，改善劳动条件，建立合理的分配制度，坚持人尽其才、扬长避短的原则，以充分发挥人的积极性。

3. 测绘生产组织设计的质量控制

测绘生产组织设计包括两个层次：一是测绘项目比较复杂，需要编制测绘生产组织总设计。就质量控制而言，它是提出项目的质量目标以及质量控制，保证重点工程质量的方法与手段等。二是工程测绘生产组织设计。目前，测绘单位普遍予以编制。

4. 测绘仪器的质量控制

测绘仪器的选型要因地制宜，因工程制宜。按照技术先进、经济合理、使用方便、性能可靠、使用安全、操作和维修方便等原则选择相应的仪器设备。对于工程测量，应特别着重对电磁波测距仪、经纬仪、水准仪以及相应配套附件的选型。对于平面定位而言，一般选用性能良好、操作方便的电子全站仪和 GPS 仪器较为合适。对高程传递，一般选择水准仪或用三角高程方法的电子全站仪。对保证垂直度，一般选择激光铅直仪、激光扫平仪。对变形监测，应选择相应的水平位移及沉陷观测遥测系统。任何产品都必须有准产证、性能技术指标以及使用说明书。一般应立足国内，当然也不排除选择国外的合格产品。随着测绘技术的发展，为提高进度和效益，自动化观测系统日益受到重视。

仪器设备的主要技术参数要有保证。技术参数是选择机型的重要依据。对于工程测量而言，应首先依据合理限差要求，按照事先设计的施工测量方法和方案，结合场地的具体条件，按精度要求确定好相应的技术参数。在综合考虑价格、操作方便的前提下，确定好相应的测量设备。如果发现某些测量仪器在施工期间有质量问题，必须按规定进行检验、校正或维修，确保其自始至终的质量等级。

5. 施工测量控制网和施工测量放样的质量控制

施工测量的基本任务是按规定的精度和方法，将建筑物、构造物的平面位置和高程位置放样（或称测设）到实地。因此，施工测量的质量将直接影响到工程产品的综合质量和工程进度。此外，为工程建成后的管理、维修与扩建，应进行竣工测量和质量验收。为测定建筑物及其地基在建筑荷载及外力作用下随时间变化的情况，还应进行变形观测。在这里，主要介绍一下在施工测量工作中，对测量质量的监控内容。

（1）施工测量控制网

为保证施工放样的精度，应在建筑物场地建立施工控制网。施工控制网分为平面控制网和高程控制网。施工控制网的布设应根据设计总平面图和建筑物场地的地形条件确定。对于丘陵地区，一般用三角测量或三边测量方法建立。对于地面平坦而通视比较困难的地区，例如在扩建或改建的工业场地，则可采用导线网或建筑方格网的方法。在特殊情况下，根据需要也可布置一条或几条建筑轴线组成简单图形作为施工测量的控制网。现在已经用 GPS 技术建立平面测量控制网。不管何种施工控制网，在应用它进行实际放样前，必须对其进行复测，以确认点位和测量成果的一致性及使用的可靠性。

（2）工业与民用建筑施工放样

工业与民用建筑施工放样，应从设计总平面图中查得拟建建筑物与控制点间的关系尺寸及室内地平标高数据，取得放样数据和确定放样方法。平面位置检核放样方法一般有直角坐标法、极坐标法、角度交会法、距离交会法等，高程位置检核放样方法主要是水准测量方法。

放样内容要点是：房屋定位测量，基础施工测量，楼层轴线投测以及楼层之间高程传递。在高层楼房施工测量时，特别要严格控制垂直方向的偏差，使之达到设计要求。这可以用激光铅直仪方法或传递建筑轴线的方法加以控制。

（3）高层建筑施工测量

随着我国社会主义现代化建设的发展，像电视发射塔、高楼大厦、工业烟囱、高大水塔等高耸建筑物不断兴建。这类工程的特点是基础面小，主体高，施工必须严格控制中心位置，确保主体竖直垂准。这类施工测量工作的主要内容是：

①建筑场地测量控制网（一般有田字形、圆形及辐射形控制网）。

②中心位置放样。

③基础施工放样。

④主体结构平面及高程位置的控制。

⑤主体建筑物竖直垂准质量的检查。

⑥施工过程中外界因素（主要指日照）引起变形的测量检查。

（4）线路工程施工测量

线路工程包括铁路、公路、河道、输电线、管道等，施工测量复核工作大同小异，归纳起来有以下几项：

①中线测量，主要内容有起点、转点、终点位置的检核。

②纵向坡度及中间转点高度的测量。

③地下管线、架空管线及多种管线汇合处的竣工检核等。

5.4.3 测绘产品质量管理与贯标的关系

1. 贯标

(1) 贯标的概念

通常所说的贯标就是指贯彻 ISO 9001：2008 的关于质量管理体系的标准，其核心思想是以顾客为关注焦点，以顾客满意为唯一标准，通过发挥领导的作用，全员参与，运用过程方法和系统方法，持续改进工作的一种活动。加强贯标工作，是一个企业规避质量风险、品牌风险、市场风险的基础工作。

(2) 测绘质量管理体系运行中有关注意事项

测绘生产单位只有切实、有效地按照 ISO 9000 系列标准建立质量管理体系并持续运行，才能够通过贯标活动改进内部质量管理。因此，在体系运行中要抓好以下控制环节：

①统一思想认识，尤其是领导层，树立“言必信，行必果”的工作作风。

②党政工团组织发挥作用，协同工作，使全体人员具有浓厚的质量意识。

③使每个人员明确其质量职责。

④规定相应的奖惩制度。

⑤协调内部质量工作，明确规定信息渠道。

测绘产品质量管理工作在贯标中所涉及的相关要素见表 5.1。

表 5.1 **测绘产品质量管理工作在贯标中所涉及的相关要素**

相关质量要素	相关部门	工作要点
文件和资料控制	质量管理处、各生产部门	1. 专人负责文件资料管理（含软件） 2. 负责与产品质量有关的文件发放和管理 3. 更改、变更与产品质量有关的文件并填写“文件变更记录”
采购	生产经营处、分承包方	1. 对分承包方的测绘产品质量进行验证 2. 分承包测绘产品质量下降时报生产经营处 3. 必要时在货源处（分承包方的测绘产品生产地）进行验证
检验和实验状态	生产经营处、质量管理处、各生产部门	1. 检验员应为专职的，且有相应的资质并经过任命 2. 检验过程按规定记录，同时标明检验结果 3. 检验记录按规定归档 4. 检验场所的产品应标明检验状态，必要时应作说明
不合格品控制、纠正和预防措施	质量管理处、各生产部门	1. 对发现的不合格品进行标识、记录、隔离，报告各相关部门 2. 组织对不合格品进行评审，对不合格品定性并提出处置意见 3. 对经过返工的不合格品重新检验 4. 分部发现的不合格品应报质量管理处，质量管理处汇总后报科技处、副总工程师、总工程师 5. 各项记录按规定保存在质量管理处

2. 测绘质量监督管理办法

国家测绘局、国家技术监督局在联合发布的《测绘质量监督管理办法》（国测国字

[1997] 28 号）中明确规定了测绘产品质量检验方法及质量评判规则："测绘产品质量监督检查的主要方式为抽样检验，其工作程序和检验方法，按照《测绘产品质量监督检验管理办法》执行。"2010 年国家测绘局印发了《测绘成果质量监督抽查管理办法》（国测国发 [2010] 19 号）。

测绘产品必须经过检查验收，质量合格的方能提供使用。检查验收和质量评定，执行《测绘产品检查验收规定》和《测绘产品质量评定标准》。

测绘产品质量检验有监督检验和委托检验两种不同类型，它们的区别主要表现在以下方面：

①检验机构服务的主体不同。监督检验服务的主体是审批、下达监督检验计划的测绘主管部门和技术监督行政管理部门。委托检验服务的主体是用户或委托方。

②检验根据不同。监督检验依据的是国家有关质量的法律，地方政府有关质量的法律、法规、规章，国民经济计划和强制性标准。委托检验依据的一般是供需双方合同约定的技术标准。

③检验经费来源不同。监督检验所需费用一般由中央或地方财政拨款。委托检验费用则由生产成本列出。

④取样母本不同。监督检验的样本母体是验收后的产品。委托检验的样本母体是生产单位最终检查后的产品。

⑤责任大小不同。监督检验承检方需对批量产品质量结论负责，委托检验则根据抽样方式决定承检方责任大小。如果是委托方送样，承检方仅对来样的检验结论负责。若是承检方随机抽样，则应对批产品质量结论负责。

⑥质量信息的作用不同。监督检验反馈的质量信息供政府宏观指导参考，奖优罚劣。委托检验的质量信息仅供委托方了解产品质量现状，以便采取应对措施。

上述区别，决定了产品质量监督检验和委托检验采用的质量检验方法和质量评判规则的不同。在市场经济体制下，测绘产品质量委托检验在质检机构的业务份额中占据的比重越来越大。质检机构在承检委托检验业务时的首项工作，就是确定检验技术依据，而采用何种检验技术依据，一般应由委托方提出。检验技术依据选择的正确与否，将直接关系到产品质量判定的准确性。因此，质检机构的检验工作都是在确立的检验技术依据的基础上进行的，如检验计划的制定、检验计划的实施以及产品质量的判定等。因此，正确地选用检验技术依据就显得尤为重要。

◎复习思考题

1. 质量的基本概念是什么？
2. 如何建立质量保障管理体系？
3. 质量管理体系认证的实施程序有哪些？应该遵循哪些原则？
4. 影响测绘工程质量因素有哪些？
5. 如何在测绘工程实施过程中进行质量控制？

第 6 章　测绘工程的进度控制

6.1　概　　述

6.1.1　进度控制的含义和目的

测绘工程项目进度控制是指参与测绘工程项目的各方对项目各阶段的工作内容、工作程序、持续时间和衔接关系编制计划，并将该计划付诸实施，在实施的过程中经常检查实际进度是否按计划要求进行，对出现的偏差分析原因，采取补救措施或调整、修改原计划，直至项目施测完成、测绘成果通过检查验收并交付使用。其最终目的就是确保项目进度目标的实现。测绘工程项目进度控制的总目标是项目工期。

进度控制是测绘工程项目实施过程中与质量控制、成本控制并列的三大目标之一，它们之间有相互依赖和相互制约的关系，因此，项目管理工作中要对三个目标全面系统地加以考虑，正确地处理好质量、成本和进度的关系，提高测绘企业的综合效益。

6.1.2　进度控制的任务

（1）业主方进度控制的任务

业主方进度控制的任务，是根据测绘工程项目的总工期目标，控制整个项目实施阶段的进度，包括控制现有测绘资料准备的工作进度、项目技术设计方案的工作进度、现场施测进度、分阶段测绘成果质量检查工作进度等。

（2）项目技术设计进度控制的任务

项目技术设计进度控制的任务，是依据测绘项目委托合同及技术方案设计工作进度的要求来控制设计工作进度，这是项目技术设计履行合同的义务。另外，项目技术设计应尽可能使项目技术设计工作的进度与施测和仪器设备准备等工作进度相协调。

（3）测绘项目施测方进度控制的任务

测绘项目施测方进度控制的任务，是依据测绘项目任务委托合同及施测进度的要求来控制项目施测进度，这是项目施测方履行合同的义务。在进度计划编制方面，项目施测方应视项目的特点和项目施测进度控制的需要，编制深度不同的控制性、指导性和实施性的施工进度计划，以及按不同计划周期（年度、季度、月度和旬）的施测计划等。将编制的各项计划付诸实施并控制其执行。

6.2 常用进度控制管理的方法

测绘工程项目进度管理是指项目管理者围绕目标工期要求编制的项目进度计划，在付诸实施的过程中经常检查计划的实际执行情况，分析进度偏差原因，并在此基础上不断调整、修改直至工程项目进度计划全过程的各项管理工作。

通过对影响项目进度的因素实施控制及协调、综合运用各种可行的方法、措施，将项目的计划工期控制在事先确定的范围之内，在兼顾成本和质量控制目标的同时，努力缩短工程项目的实际工期。

6.2.1 测绘工程项目进度管理的具体含义

①测绘工程项目进度管理涵盖下列不同主体实施的进度管理活动：发包单位、测绘项目承包单位、测绘项目验收单位。

②测绘工程项目进度管理要求将项目的合同工期作为其管理实施对象，而合同工期的基础是项目的外业施测、内业测图工期、竣工验收及归档。

合同工期是指测绘项目从合同签订开始到测绘成果验收合格并交付使用的时间。

外业施测、内业测图工期是以测绘项目的工程量为计算对象，从测绘合同签订日算起到完成全部测绘工程项目所规定的内容并达到国家验收标准为止所需要的全部日历天数。

测绘企业在合同工期的基础上确定的目标工期是工程项目进度管理的控制标准。项目管理实践中，目标工期的确定通常取决于测绘项目承包企业所做出的如下选择：以预期利润标准确定目标工期，以费用、工期标准确定目标工期，以资源、工期标准确定目标工期。

③测绘工程项目进度管理是以项目进度计划为管理中心，其本身体现为不断编制、执行、检查、分析和调整计划的动态循环过程。因此，在工程项目进度管理过程中，应始终遵循系统原理和动态原理的要求。

④为了取得预期的管理实效，测绘工程项目进度管理要求密切结合不同的进度影响因素，充分协调项目实施过程中的各种关系。

测绘工程项目的进度影响因素可按产生根源、引起理由等进行责任区分，并根据处理办法的不同作多种形式的分类。

测绘工程项目进度管理中的关系协调，是指着眼于工程进度管理目标的实现而进行的各种人际关系、工作关系、资源关系和现场关系的有效协调。

⑤作为一项牵涉面广的管理活动，工程项目进度管理要求综合运用各种行之有效的管理方法和措施。

测绘工程项目进度管理的方法主要包括行政方法、经济方法和管理技术方法。

测绘工程项目进度管理的措施主要包括组织措施、技术措施、合同措施、经济措施和信息管理措施。

⑥测绘工程项目进度、质量、成本目标的对立统一关系是工程项目进度管理的实施基础，是提出与解决进度管理问题的出发点与最终归宿。因此，工程进度管理必须满足工程

质量。成本目标约束条件要求做到“在兼顾质量、成本目标要求的同时，努力缩短项目工期”。

6.2.2 进度控制的方法

1. 组织措施

①建立进度控制目标体系，明确工程现场组织机构中进度控制人员及其职责分工。

②建立工程进度报告制度及进度信息沟通网络。

③建立进度计划审核制度和进度计划实施中的检查分析制度。

④建立进度协调会议制度包括协调会议举行的时间、地点、协调会议的参加人员等。

2. 经济措施

经济措施是目标控制的必要措施，一项测绘工程项目的完成，归根结底是一项投资的实现，从项目的提出到项目的实现，始终贯穿着资金的筹集和使用工作。其措施包括：

①测绘工程项目进度控制的经济措施涉及资金需求计划、资金供应的条件和经济激励措施等。

②为确保进度目标的实现，应编制与进度计划相适应的资源需求计划（资源进度计划），包括资金需求计划和其他资源（人力和仪器设备资源）需求计划，以及反映项目实施的各时段所需要的资源。通过资源需求的分析，可发现所编制的进度计划实现的可能性。若资源条件不具备，则应调整进度计划。

③资金供应条件包括可能的资金总供应量、资金来源（自有资金和外来资金）以及资金供应的时间。

④在项目预算中应考虑加快项目进度所需要的资金，其中包括为实现进度目标将要采取的经济激励措施所需要的费用，例如给按期或提前完成目标的班组和个人给予一定的奖励，对没有完成任务的给予一定处罚等。

3. 技术措施

技术措施是目标控制的必要措施，控制在很大程度上是要通过技术来解决问题，其措施包括：

①涉及对实现进度目标有利的测绘方案设计技术和施测技术的选用。

②不同的测绘技术方案会对项目进度产生不同的影响。在设计工作的前期，特别是在测绘技术设计方案选用时，应对设计技术与工程进度的关系作分析比较。在工程进度受阻时，应分析是否存在设计技术的影响因素，为实现进度目标有无技术设计方案变更的可能性。

③项目施测方案对工程进度有直接的影响。在决策其选用时，不仅应分析技术的先进性和经济的合理性，还应考虑其对进度的影响。在项目进度受阻时，应分析是否存在施测技术的影响因素，为实现进度目标有无改变施测技术、施测方法和施测仪器设备的可能性。

4. 合同措施

①加强合同管理，协调合同工期与进度计划之间的关系，保证合同中进度目标的实现。

②严格控制合同变更，对各方提出的工程变更，应严格审查后再补入合同文件之中。

③加强风险管理，在合同中应充分考虑风险因素及其对进度的影响，以及相应的处理方法。

④加强索赔管理，公正地处理索赔。

6.3 测绘工程进度计划实施中的监测与调整

6.3.1 进度计划的编制与实施

测绘工程项目实施期间的进度计划编制是项目顺利达到预定目标的一个重要组成部分。所谓项目实施时期（可称为投资时期），是指从正式确定测绘项目（测绘合同的签订）到项目测绘成果验收合格这段时间。这一时期包括项目施测技术方案制订、资金筹集安排、施测准备、外业施测，内业测图、成果自查、项目成果验收等各个工作阶段。这些阶段的各项活动和各个工作环节，有些是相互影响、前后紧密衔接的，也有些是同时开展、相互交叉进行的。因此，在可行性研究阶段，需要将项目实施时期各个阶段的各个工作环节进行统一规划、综合平衡，做出合理而又切实可行的安排。

1. 项目实施的各阶段

（1）建立项目实施管理机构

根据项目施测工期、项目标准等，安排专门技术人员成立项目实施管理机构，一般分为技术组、外业施测组、内业测图组、质量监督自查组等，实行项目负责制。

（2）项目施测技术方案制订

由项目技术组根据项目的合同工期、合同规定的项目成果标准、仪器设备的配备、技术人员的安排、不可避免的各种不可预见性影响因素等方面制订出切实可行的项目施测技术方案，并确定项目的预期工期。

（3）资金筹集安排

项目资金的落实包括：总投资费用（固定资产投资和流动资金）的估算基本符合要求，资金来源有充分的保证。在项目进度计划编制阶段要编制费用估算，并在考虑了各种可行性的资金渠道情况下，提出适宜的资金筹措规划方案。在正式确定测绘项目和明确总投资费用及其分阶段使用计划之后，即可立即着手筹集资金。

（4）施测准备

施测准备主要包括技术人员的培训、项目现场资料的整理、测区的划分、外业施测人员的现场生活安排和测绘仪器设备及辅助材料的检定等。

（5）外业施测、内业测图

外业施测工作包括：现场实地数据的采集和数据成图工作，外业施测工作完成后要进行现场自查工作，查漏补缺，并形成外业施测人员的自查报告。

根据外业施测成果、本次测绘项目的技术要求及标准，对测绘成果进行内业测图、整理，形成规范的测绘成果。

这两项工作可以分阶段同时进行，以有效地缩短工期。

(6) 成果自查

项目质量监督自查组根据规范和本次测绘项目的技术要求及标准对形成的初步测绘成果进行全面的质量检查，形成检查报告和整改报告，最终形成项目的全部成果资料。这项工作也可分阶段与外业施测、内业测图这两项工作同时进行。

(7) 项目成果验收

把全部成果在规定的时间内交甲方验收。

2. 测绘项目进度计划的编制方法

(1) 测绘项目进度管理的计划系统

测绘项目进度计划是测绘项目进度管理始终围绕的核心。因此，事先编制各种相关进度计划便成为测绘项目进度管理工作的首要环节。按管理主体的不同，工程项目进度计划可分为业主单位及项目施测单位等不同主体所编制的不同种类计划。这些计划既互相区别又互有联系，从而构成了测绘项目进度管理的计划系统，其作用是从不同的层次和方面共同保证工程项目进度管理总体目标的顺利实现。

(2) 测绘项目进度计划的编制方法

编制测绘项目进度计划一般可借助于两种方式，即文字说明和进度计划图表。常用的进度计划图表有下述几种：

①横道图。横道图又称甘特（Gantt）图，是应用广泛的进度表达方式。横道图的左侧通常垂直向下依次排列测绘项目的各项工作名称，在与之紧邻的右边时间进度表中，逐项绘制横道线，从而使每项工作的起止时间均可由横道线的两个端点来表示。

这种表达方式直观易懂，易被接受，可形成进度计划与资源资金使用计划及其各种组合，使用方便。但是，横道图进度计划表示也存在一些问题，如不能明确表达测绘项目各项工作之间的各种逻辑关系；不能表示影响计划工期的关键工作；不便于进行计划的各种时间参数计算；不便于进行计划的优化、调整。

鉴于上述特点中的不足之处，横道图一般适用于简单、粗略的进度计划编制，或作为网络计划分析结果的输出形式。

②斜线图。斜线图是将横道图中的水平工作进度线改绘为斜线，在图左侧纵向依次排列各项目工作活动所处的不同空间位置，在图右侧时间进度表中，斜向画出代表各种不同活动的工作进度直线，是一种与横道图含义类似的进度图表。

斜线图一般仅用于表达流水施工组织方式的进度计划安排。用这种方式可明确表达不同施测过程之间的分段流水、搭接施测情况，并能直观反映相邻两施测过程之间的流水步距。同时，工作进度直线斜率可形象表示活动的进展速率。但是，斜线图进度表示同样存在一些类同横道图的问题。

③线型图。线型图是利用二维直角坐标系中的直线、折线或曲线来表示完成一项工作所需时间，或在一定时间内所完成工程量的一种进度计划表达方式。一般分为时间-距离图和时间-速度图等不同形式。

用线型图表示工程项目进度计划，概括性强，效果直观。但是，线型图绘图操作较困难，用线型图表示进度易产生阅读不便问题。

④网络图。网络图是利用箭头和节点所组成的有向、有序的网状图形来表示总体工程

任务各项工作流程或系统安排的一种进度计划表达方式。

用网络图编制工程项目进度计划，其特点是：能正确表达各工作之间相互作用、相互依存的关系。通过网络分析计算，能够确定哪些工作是不容延误必须按时完成的关键工作，哪些工作则被允许有机动时间以及有多少机动时间，从而使计划管理者充分掌握工程进度控制的主动权，能够进行计划方案的优化和比较，选择优化方案，能够运用计算机手段实施辅助计划管理。

3. 测绘项目进度计划的实施

测绘项目进度计划的实施就是具体施测活动的进展，也就是用项目进度计划指导施测活动的落实和完成。测绘项目进度计划逐步实施的进程是测绘项目的逐步完成过程。为了保证测绘项目进度计划的实施，保证各进度目标的实现，应做好下面的工作。

（1）测绘项目进度计划的贯彻

检查各层次的计划，形成严密的计划保证系统。测绘项目的所有施测进度计划（施测总进度计划、分部分项工程施测进度计划等），都是围绕一个总任务而编制的，高层次的计划为低层次计划的依据，低层次计划是高层次计划的具体化。在其贯彻执行时应当首先检查是否协调一致，计划目标是否层层分解、互相衔接，应组成一个计划实施的保证体系，以施测任务书的方式下达施测班组，以保证实施。

层层下达施测任务书。施测项目负责人和作业班组之间分别签订施测任务计划，按计划目标明确规定施测工期和承担的经济责任、权限和利益。或者采用下达施测任务书的方式，将作业下达到施测班组，明确具体施测任务、技术措施、质量要求等内容，使施测班组保证按作业计划时间完成规定的任务。

计划全面交底，发动群众实施计划。项目进度计划的实施是全体工作人员的共同行动，要使有关人员都明确各项计划的目标、任务、实施方案和措施，使管理层和作业层协调一致，将计划变成群众的自觉行动，充分发动群众，发挥群众的干劲和创造精神。在计划实施前要进行计划交底工作，可以根据计划的范围召开职工代表会议或各级生产会议进行交底落实。

（2）测绘项目进度计划的实施

编制月（旬）作业计划。为了实施项目进度计划，将规定的任务结合现场施测条件，如测区的自然地理情况、测区作业复杂程度、施测人员技术状况、仪器设备等资源条件和施测的实际情况，在施测开始前和过程中不断地编制本月（旬）的作业计划，使得项目计划更具体、切合实际和可行。在月（旬）计划中要明确本月（旬）应完成的任务、所需要的各种资源量、提高劳动生产率及节约的措施等。

签发施测任务书。编制好月（旬）作业计划以后，将每项具体任务通过签发施测任务书的方式使其进一步落实。施测任务书是向班组下达任务，实行责任承包、全面管理的综合性文件。施测班组必须保证指令任务的完成。它是计划和实施的纽带。

做好施测进度记录。填好施测进度统计表，在计划任务完成的过程中，各施测进度计划的执行者都要做好施测记录，记载计划中的每项工作的开始日期、工作进度和完成日期，为测绘项目进度检查分析提供信息。因此，要求实事求是记载，并填好有关图表。

做好施测过程中的调度工作。施测过程中的调度是组织施测过程中的各阶段、环节、专业的互相配合、进度协调的指挥核心。调度工作是使项目进度计划实施顺利进行的重要手段。其主要任务是：掌握计划实施情况，协调各方面关系，排除各种矛盾，加强各薄弱环节，实现动态平衡，保证完成作业计划和实现进度目标。

调度工作内容主要有：监督作业计划的实施、调整与协调各方面的进度关系。监督检查施测准备工作，督促资源供应单位按计划供应劳动力、仪器设备、其他辅助工具等，并对临时出现的问题采取调配措施，按施测技术方案管理各个施测班组，结合实际情况进行必要调整。及时发现和处理施测过程中的各种事故和意外事件。定期召开现场调度会议，贯彻项目主管人员的决策，发布调度令。

6.3.2 测绘项目进度计划的检查

在测绘项目的施测进程中，为了进行进度控制，进度控制人员应经常、定期地跟踪检查施测实际进度情况，主要是收集施测项目进度材料，进行统计整理和对比分析，确定实际进度与计划进度之间的关系，其主要工作有下述几个方面。

1. 跟踪检查施测实际进度

跟踪检查施测实际进度是测绘项目进度控制的关键措施，其目的是收集实际施测进度的有关数据。跟踪检查的时间和收集数据的质量，直接影响控制工作的质量和效果。

一般检查的时间间隔与测绘项目的类型、规模、施测条件和对进度执行要求程度有关。通常可以确定每月、半月、旬或周进行一次。若在施测过程中遇到天气、资源供应等不利因素的严重影响，检查的时间间隔可临时缩短，次数应频繁，甚至可以每日进行检查，或派人员驻现场督阵。检查和收集资料的方式一般采用进度报表方式或定期召开进度工作汇报会。为了保证汇报资料的准确性，进度控制的工作人员，要经常到现场查看施测项目的实际进度情况，从而保证准确掌握测绘项目的实际进度。

2. 整理统计检查数据

对收集到的测绘项目实际进度数据进行必要的整理和按计划控制的工作项目进行统计，形成与计划进度具有可比性的数据以及形象进度。一般可以按施测工程量、工作量和劳动消耗量以及累计百分比整理和统计实际检查的数据，以便与相应的计划完成量相对比。

3. 对比实际进度与计划进度

将收集的资料整理和统计成具有与计划进度可比性的数据后，对测绘项目实际进度与计划进度进行比较。通过比较得出实际进度与计划进度相一致、超前、拖后三种情况。

4. 施工项目进度检查结果的处理

对于施工项目进度检查的结果，需按照检查报告制度的规定，形成进度控制报告并向有关主管人员和部门汇报。

进度控制报告是把检查比较的结果，有关施测进度的现状和发展趋势，提供给项目负责人及各级业务职能负责人的最简单的书面形式报告。

进度控制报告是根据报告的对象不同，确定不同的编制范围和内容而分别编写的。一般分为项目概要级进度控制报告、项目管理级进度控制报告和业务管理级进度控制报告。

项目概要级的进度报告是报给项目负责人、企业负责人或业务部门以及业主单位。它是以整个测绘项目为对象说明进度计划执行情况的报告。

项目管理级的进度报告是报给项目负责人及企业的业务部门的。它是以单位工程或项目分区为对象说明进度计划执行情况的报告。

业务管理级的进度报告是就某个重点部位或重点分项项目为对象编写的报告，供项目管理者及各业务部门为其采取应急措施而使用的。

进度报告由计划负责人或进度管理人员与其他项目管理人员协作编写。报告时间一般与进度检查时间相协调，也可按月、旬、周等检查时间进行编写上报。

进度控制报告的内容主要包括：项目实施概况、管理概况、进度概要，项目施测进度、检查进度及简要说明，施测技术方案提供进度，作业技术人员、仪器设备、其他辅助工具供应进度，劳务记录及预测，日历计划等。

6.3.3 进度计划的调整方法

测绘项目进度计划的调整，一般主要有以下两种方法：

1. 改变某些工作间的逻辑关系

若实际施测进度产生的偏差影响了总工期，在工作之间的逻辑关系允许改变的条件下，可以采取改变关键线路和非关键线路上的有关工作之间的逻辑关系，达到缩短工期的目的，用这种方法调整的效果是很显著的。譬如，可以把依次进行的有关工作改为平行的或互相搭接的方式，可以达到缩短工期的目的。

某地籍调查项目，在进度检查过程中发现权属调查的进度与项目进度计划产生了偏差，从而进一步影响了项目外业测绘的进度计划，这两者之间是依次进行的工作关系。调整的方法可以是把这两项工作改为互相搭接的工作关系，即把外业施测和权属调查错开并同时进行。如测区内划分为若干个作业区，在一个作业区，外业班组施测完成后，权属调查作业班组进行工作的同时，外业施测班组同时进行下一个作业区的施测工作，这样可以很明显地达到缩短工期的目的。

2. 缩短某些工作的持续时间

这种方法是不改变工作之间的逻辑关系，而是通过缩短某些工作的持续时间，使项目进度加快实现计划工期的方法。这些被压缩持续时间的工作是位于由于实际工作进度的拖延而引起总工期增长的关键线路和某些非关键线路上的工作。同时，这些工作又是可压缩持续时间的工作。

缩短某些工作的持续时间，一般会改变资源（人力、设备）和费用的投入，增大资源、费用投入的概率。

◎复习思考题

1. 测绘工程实施过程中进度控制的意义和目的是什么？
2. 常用的进度控制采用的方法有哪些？
3. 如何编制项目进度计划？编制项目进度的方法有哪些？
4. 当实际进度计划滞后于要求工期时，采用什么方法对进度计划进行调整？

第7章　测绘工程合同管理

7.1　测绘工程合同

《合同法》第二条规定：合同是平等主体的自然人、法人、其他组织之间设立、变更、终止民事权利义务关系的协议。

7.1.1　合同的基本原则

根据《合同法》规定，订立合同应遵循以下基本原则：

1. 当事人法律地位平等

根据《合同法》规定，合同当事人的法律地位平等，一方不得将自己的意志强加给另一方。也就是说，合同当事人，在权利义务对等的基础上，经充分协商达成一致，以实现互利互惠的经济利益目的。

2. 自愿的原则

根据《合同法》规定，当事人依法享有自愿订立合同的权利，任何单位和个人不得非法干预。也就是说，合同当事人通过协商，自愿决定和调整相互权利义务关系。自愿原则贯彻合同活动的全过程，包括：订不订立合同自愿，与谁订合同自愿，合同内容由当事人在不违法的情况下自愿约定，双方也可以协议解除合同，在发生争议时当事人可以自愿选择解决争议的方式。

当然，自愿也不是绝对的，不是想怎样就怎样，当事人订立合同、履行合同，应当遵守法律、行政法规，尊重社会公德，不得扰乱社会经济秩序，损害社会公共利益。

3. 公平的原则

根据《合同法》规定，当事人应当遵循公平原则确定各方的权利和义务。公平原则要求合同双方当事人之间的权利义务要公平合理，要大体上平衡，强调一方给付与对方给付之间的等值性，合同上的负担和风险的合理分配。具体包括：第一，在订立合同时，要根据公平原则确定双方的权利和义务，不得滥用权利，不得欺诈，不得假借订立合同恶意进行磋商；第二，根据公平原则确定风险的合理分配；第三，根据公平原则确定违约责任。

4. 诚实信用的原则

根据《合同法》规定，当事人行使权利、履行义务应当遵循诚实信用原则。诚实信用原则要求当事人在订立、履行合同，以及合同终止后的全过程中，都要诚实，讲信用，相互协作。诚实信用原则具体包括：第一，在订立合同时，不得有欺诈或其他违背诚实信用的行为；第二，在履行合同义务时，当事人应当遵循诚实信用的原则，根据合同的性质、目的和交易习惯履行及时通知、协助、提供必要的条件、防止损失扩大、保密等义务；第三，合同终止后，当事人也应当遵循诚实信用的原则，根据交易习惯履行通知、协助、保密等义务，称为后契约义务。

5. 遵守法律和不得损害社会公共利益的原则

根据《合同法》规定，当事人订立、履行合同，应当遵守法律、行政法规，尊重社会公德，不得扰乱社会经济秩序，损害社会公共利益。合同不仅是当事人之间的问题，有时可能涉及社会公共利益和社会公德，涉及维护经济秩序，合同当事人的意思应当在法律允许的范围内表示，不是想怎么样就怎么样。必须遵守法律以保证交易在遵守公共秩序和善良风俗的前提下进行，使市场经济有一个健康、正常的道德秩序和法律秩序。

6. 合同效力

根据《合同法》规定，依法成立的合同，对当事人具有法律约束力。当事人应当按照约定履行自己的义务，不得擅自变更或者解除合同。依法成立的合同，受法律保护。所谓法律约束力，就是说，当事人应当按照合同的约定履行自己的义务，非依法律规定或者取得对方同意，不得擅自变更或者解除合同。如果不履行合同义务或者履行合同义务不符合约定，就要承担违约责任。

依法成立的合同受法律保护。所谓受法律保护，就是说，如果一方当事人未取得对方当事人同意，擅自变更或者解除合同，不履行合同义务或者履行合同义务不符合约定，从而使对方当事人的权益受到损害，受损害方向人民法院起诉要求维护自己的权益时，法院就要依法维护，对于擅自变更或者解除合同的一方当事人强制其履行合同义务并承担违约责任。

7.1.2 合同的订立

1. 合同当事人的主体资格

《合同法》第九条规定：“当事人订立合同，应当具有相应的民事权利能力和民事行为能力。当事人依法可以委托代理人订立合同。”

(1) 合同当事人的民事权利能力和民事行为能力

《合同法》的上述条款明确规定，作为合同当事人的自然人、法人和其他组织应当具有相应的主体资格——民事权利能力和民事行为能力。

(2) 合同当事人

自然人、法人、其他组织。

(3) 委托代理人订立合同

法律规定，当事人在订立合同时，由于主观或客观的原因，不能由法人的法定代表人、其他组织的负责人亲自签订时，可以依法委托代理人订立合同。代理人代理授权人、委托人签订合同时，应向第三人出示授权人签发的授权委托书，并在授权委托书写明的授权范围内订立合同。

2. 合同的形式和内容

(1) 合同的形式

合同的形式，是指合同当事人双方对合同的内容、条款经过协商，做出共同的意思表示的具体方式。

《合同法》第十条规定："当事人订立合同，有书面形式、口头形式和其他形式。法律、行政法规规定采用书面形式的，应当采用书面形式。当事人约定采用书面形式的，应当采用书面形式。"

《合同法》第三十六条规定："法律、行政法规规定或者当事人约定采用书面形式订立合同，当事人未采用书面形式但一方已经履行主要义务，对方接受的，该合同成立。"

《合同法》第十一条规定："书面形式是指合同书、信件和数据电文（包括电报、电传、传真、电子数据交换和电子邮件）等可以有形地表现所载内容的形式。"

（2）合同的内容

关于合同一般条款的法理解释如下：

①当事人的名称或者姓名，住所。当事人的名称或者姓名，是指法人和其他组织的名称；住所是指它们的主要办事机构所在地。

②标的。标的是指合同当事人双方权利和义务共同指向的事物，即合同法律关系的客体。标的可以是货物、劳务、工程项目或者货币等。依据合同种类的不同，合同的标的也各有不同。例如，买卖合同的标的是货物；建筑工程合同的标的是建设工程项目；货物运输合同的标的是运输劳务；借款合同的标的是货币；委托合同的标的是委托人委托受托人处理委托事务等。

标的是合同的核心，它是合同当事人权利和义务的焦点。尽管当事人双方签订合同的主观意向各有不同，但最后必须集中在一个标的上。因此，当事人双方签订合同时，首先要明确合同的标的，没有标的或者标的不明确，必然会导致合同无法履行，甚至产生纠纷。例如，某养鱼专业户采购"种鱼"时，在合同标的条款栏中，把"亲鱼"误写成"青鱼"而引起诉讼。

③数量。数量是计算标的的尺度。它把标的定量化，以便确立合同当事人之间的权利和义务的量化指标，从而计算价款或报酬。国家颁布了《关于在我国统一实行法定计量单位的命令》。根据该命令的规定，签订合同时，必须使用国家法定计量单位，做到计量标准化、规范化。如果计量单位不统一，一方面会降低工作效率，另一方面也会因发生误解而引起纠纷。

④质量。质量是标的物内在特殊物质属性和一定的社会属性，是标的物物质性质差异的具体特征。它是标的物价值和使用价值的集中表现，并决定着标的物的经济效益和社会效益，还直接关系到生产的安全和人身的健康等。因此，当事人签订合同时，必须对标的物的质量做出明确的规定。标的物的质量，有国家标准的按国家标准签订；没有国家标准而有行业标准的，按行业标准签订，或者有地方标准的按地方标准签订。如果标的物是没有上述标准的新产品，可按企业新产品鉴定的标准（如产品说明书、合格证载明的），写明相应的质量标准。

⑤价款或者报酬。价款通常是指当事人一方为取得对方出让的标的物，而支付给对方一定数额的货币。报酬，通常是指当事人一方为对方提供劳务、服务等，从而向对方收取一定数额的货币报酬。在建立社会主义市场经济过程中，当事人签订合同时，应接受有关

部门的监督，不得违反有关规定，扰乱社会经济秩序。

⑥履行期限、地点和方式。履行期限是指当事人交付标的和支付价款或报酬的日期，也就是依据合同的约定，权利人要求义务人履行的请求权发生的时间。合同的履行期限，是一项重要条款，当事人必须写明具体的履行起止日期，避免因履行期限不明确而产生纠纷。倘若合同当事人在合同中没有约定履行期限，只能按照有关规定处理。

履行地点是指当事人交付标的和支付价款或报酬的地点。它包括标的的交付、提取地点，服务、劳务或工程项目建设的地点，价款或报酬结算的地点等。合同履行地点也是一项重要条款，它不仅关系到当事人实现权利和承担义务的发生地，还关系到人民法院受理合同纠纷案件的管辖地问题。因此，合同当事人双方签订合同时，必须将履行地点写明，并且要写得具体、准确，以免发生差错而引起纠纷。

履行方式是指合同当事人双方约定以哪种方式转移标的物和结算价款。履行方式应视所签订合同的类别而定。例如，买卖货物、提供服务、完成工作合同，其履行方式均有所不同，此外在某些合同中还应当写明包装、结算等方式，以利于合同的完善履行。

⑦违约责任。违约责任是指合同当事人约定一方或双方不履行或不完全履行合同义务时，必须承担的法律责任。违约责任包括支付违约金、赔偿金以及发生意外事故的处理等其他责任。法律有规定责任范围的按规定处理；法律没有规定责任范围的，由当事人双方协商议定办理。

⑧解决争议的方法。解决争议的方法是指合同当事人选择解决合同纠纷的方式、地点等。根据我国法律的有关规定，当事人解决合同争议时，实行“或仲裁或审判”，即当事人可以在合同中约定选择仲裁机构或人民法院解决争议；当事人可以就仲裁机构或诉讼的管辖机关的地点进行议定选择。当事人如果在合同中既没有约定仲裁条款，事后又没有达成新的仲裁协议，那么当事人只能通过诉讼的途径解决合同纠纷，因为起诉权是当事人的法定权。

7.1.3 合同示范文本与格式条款合同

1. 合同示范文本

《合同法》第十二条第二款规定：“当事人可以参照各类合同的示范文本订立合同。”合同示范文本是指由一定机关事先拟定的对当事人订立相关合同起示范作用的合同文本。此类合同文本中的合同条款有些内容是拟定好的，有些内容是没有拟定需要当事人双方协商一致填写的。合同的示范文本只供当事人订立合同时参考使用，因此合同示范文本与格式条款合同不同。

2. 格式条款合同

格式条款合同是指合同当事人一方（如某些垄断性企业）为了重复使用而事先拟定出一定格式的文本。文本中的合同条款在未与另一方协商一致的前提下已经确定且不可更改。

《合同法》为了维护公平原则，确保格式条款合同文本中相对人的合法权益，在第三十九条、第四十条和第四十一条对格式条款合同作了专门的限制性规定。

第一，采用格式条款订立合同的，提供格式条款的一方应当遵循公平原则确定当事人之间的权利和义务，并采取合理的方式提请对方注意免除或者限制其责任的条款，按照对方的要求，对该条款予以说明。

第二，格式条款合同中具有《合同法》第五十条和第五十三条规定情形的，或者提供格式条款一方免除其责任、加重对方责任、排除对方主要权利的，该条款无效。

第三，对格式条款的理解发生争议的，应当按照通常理解予以解释。对格式条款有两种以上解释的，应当做出不利于提供格式条款一方的解释。格式条款和非格式条款不一致的，应当采用非格式条款。

7.1.4 合同的效力

1. 合同无效

（1）合同无效的概念

合同无效，指虽经合同当事人协商订立，但引起不具备或违反了法定条件，国家法律规定不承认其效力的合同。

（2）《合同法》关于无效合同的法律规定

《合同法》第五十二条规定："有下列情形之一的，合同无效：

①一方以欺诈、胁迫的手段订立合同，损害国家利益；

②恶意串通，损害国家、集体或者第三人利益；

③以合法形式掩盖非法目的；

④损害社会公共利益；

⑤违反法律、行政法规的强制性规定。"

2. 当事人请求人民法院或仲裁机构变更或撤销的合同

（1）当事人依法请求变更或撤销的合同的概念

当事人依法请求变更或撤销的合同，是指合同当事人订立的合同欠缺生效条件时，一方当事人可以依照自己的意思，请求人民法院或仲裁机构作出裁定，从而使合同的内容变更或者使合同的效力归于消灭的合同。

（2）可变更或可撤销的合同的法律规定

《合同法》第五十四条规定："下列合同，当事人一方有权请求人民法院或者仲裁机构变更或者撤销：①因重大误解订立的；②在订立合同时显失公平的。

一方以欺诈、胁迫的手段或者乘人之危，使对方在违背真实意思的情况下订立的合同，受损害方有权请求人民法院或者仲裁机构变更或者撤销。当事人请求变更的，人民法院或者仲裁机构不得撤销。"

3. 无效的合同或被撤销的合同的法律效力

无效的合同或被撤销的合同的法律效力问题是《合同法》中第三章合同的效力的重要内容，当事人订立的合同被确认无效或者被撤销后，并不表明当事人的权利和义务的全部结束。

（1）合同自始无效和部分无效

《合同法》第五十六条规定："无效的合同或者被撤销的合同自始没有法律约束力。合同部分无效，不影响其他部分效力的，其他部分仍然有效。"

①自始无效，是指合同一旦被确认为无效或者被撤销，即将产生溯及力，使合同从订立时起即不具有法律约束力。

②合同部分无效，是指合同的部分内容无效，即无效或者被撤销而宣告无效的只涉及合同的部分内容，合同的其他部分仍然有效。

（2）合同无效、被撤销或者终止时，有关解决争议的条款的效力

《合同法》第五十七条规定："合同无效、被撤销或者终止时，不影响合同中独立存在的有关解决争议方法的条款的效力。"依照此项法条的规定，合同中关于解决争议的方法条款的效力具有相对的独立性，因此不受合同无效、变更或者终止的影响。也即合同无效、合同变更或者合同终止并不必然导致合同中解决争议方法的条款无效、变更、终止。

7.1.5 合同的履行

依照《合同法》的规定，合同当事人履行合同时，应遵循以下原则：

1. 全面、适当履行的原则

全面、适当履行，是指合同当事人双方应当按照合同约定全面履行自己的义务，包括履行义务的主体、标的、数量、质量、价款或者报酬以及履行的方式、地点、期限等，都应当按照合同的约定全面履行。

2. 遵循诚实信用的原则

诚实信用原则，是我国《民法通则》的基本原则，也是《合同法》的一项十分重要的原则，它贯穿于合同的订立、履行、变更、终止等全过程。因此，当事人在订立合同时，要讲诚信、要守信用、要善意，当事人双方要互相协作，合同才能圆满地履行。

3. 公平合理，促进合同履行的原则

合同当事人双方自订立合同起，直到合同的履行、变更、转让以及发生争议时对纠纷的解决，都应当依据公平合理的原则，按照《合同法》的规定，根据合同的性质、目的和交易习惯，善意地履行通知、协助、保密等义务。

4. 当事人一方不得擅自变更合同的原则

合同依法成立，即具有法律约束力，因此合同当事人任何一方均不得擅自变更合同。《合同法》在若干条款中根据不同的情况对合同的变更，分别作了专门的规定。这些规定更加完善了我国的合同法律制度，并有利于促进我国社会主义市场经济的发展和保护合同当事人的合法权益。

7.1.6 违约责任

1. 当事人违约及违约责任的形式

（1）违约责任的法律规定

《合同法》第一百零七条规定："当事人一方不履行合同义务或者履行合同义务不符合约定的，应当承担继续履行、采取补救措施或者赔偿损失等违约责任。"

依照《合同法》的上述规定，当事人不履行合同义务或履行合同义务不符合约定时，就要承担违约责任。此项规定确立了对违约责任实行"严格责任原则"，只有不可抗力的原因方可免责。至于缔约过失、无效合同或可撤销合同，则采取过错责任，《合同法》分

则中特别规定了过错责任的，实行过错责任原则。

（2）当事人承担违约责任的形式

①继续履行合同，是指违反合同的当事人不论是否已经承担赔偿金或者违约金责任，都必须根据对方的要求，在自己能够履行的条件下，对原合同未履行的部分继续履行。

②采取补救措施，是指在违反合同的事实发生后，为防止损失发生或者扩大，而由违反合同行为人采取修理、重作、更换等措施。

③赔偿损失，指当事人一方违反合同造成对方损失时，应以其相应价值的财产予以补偿。赔偿损失应以实际损失为依据。

2. 当事人未支付价款或者报酬的违约责任

《合同法》第一百零九条规定："当事人一方未支付价款或者报酬的，对方可以要求其支付价款或者报酬。"

当事人承担违约责任的具体形式如下：支付价款或报酬是以给付货币形式履行的债务，民法上称之金钱债务。对于金钱债务的违约责任，一是债权人有权请求债务人履行债务，即继续履行；二是债权人可以要求债务人支付违约金或逾期利息。例如，工程承包合同中，拖欠工程支付和结算的违约责任。

3. 当事人违反质量约定的违约责任

《合同法》第一百一十一条规定："质量不符合约定的，应当按照当事人的约定承担违约责任。对违约责任没有约定的或者约定不明确，依照本法第六十一条规定仍不能确定的，受损害方根据标的性质以及损失的大小，可以合理选择要求对方承担修理、更换、重作、退货、减少价格或者报酬等违约责任。"

4. 当事人一方违约给对方造成其他损失的法律责任

《合同法》第一百一十二条规定："当事人一方不履行合同义务或者履行合同义务不符合约定的，在履行义务或者采取补救措施后，对方还有其他损失的，应当赔偿损失。"

上述法条规定，债务人不履行或不适当履行合同，在继续履行或者采取补救措施后，仍给债权人造成损失时，债务人应承担赔偿责任。

5. 当事人违约承担责任的赔偿额

《合同法》第一百一十三条规定："当事人一方不履行合同义务或者履行合同义务不符合约定，给对方造成损失的，损失赔偿额应当相当于因违约所造成的损失，包括合同履行后可以获得的利益，但不得超过违反合同一方订立合同时预见到或者应当预见到的因违反合同可能造成的损失。"

6. 违约金及赔偿金

《合同法》第一百一十四条规定："当事人可以约定一方违约时应当根据违约情况向对方支付一定数额的违约金，也可以约定因违约产生的损失赔偿额的计算方法。约定的违约金低于造成的损失的，当事人可以请求人民法院或者仲裁机构予以增加；约定的违约金过分高于造成的损失的，当事人可以请求人民法院或者仲裁机构予以适当减少。"

7.1.7 解决合同争议的方式

合同当事人之间发生争议，有时是难免的。如果争议发生了，当事人之间首先应当依据公平合理和诚实信用的原则，本着互谅互让的精神，进行自愿协商解决争议，或者通过调解解决纠纷。如果当事人不愿和解、调解或者和解、调解不成的，可以依据“或裁或审制”的规定，请求仲裁机构仲裁，或者向人民法院起诉，以求裁判彼此之间的纠纷。

《合同法》第一百二十八条规定：“当事人可以通过和解或者调解解决合同争议。当事人不愿和解、调解或者和解、调解不成的，可以根据仲裁协议向仲裁机构申请仲裁。涉外合同的当事人可以根据仲裁协议向中国仲裁机构或者其他仲裁机构申请仲裁。当事人没有订立仲裁协议或者仲裁协议无效的，可以向人民法院起诉。当事人应当履行发生法律效力的裁决、仲裁裁决、调解书；拒不履行的，对方可以请求人民法院执行。”

7.2 测绘合同管理的内容与方法

7.2.1 测绘合同内容

按照《合同法》规定，合同是平等主体的自然人、法人、其他组织之间设立、变更、终止民事权利义务关系的协议，所以测绘合同的制定应在平等协商的基础上来对合同的各项条款进行规约，应当遵循公平原则来确定各方的权利和义务，并且必须遵守国家的相关法律和法规。

按照《合同法》规定，合同的内容由当事人约定，一般应包括以下条款：当事人的名称或者姓名和住所、标的、数量、质量、价款或者报酬、履行期限、地点和方式、违约责任、解决争议的方法。当事人可以参照各类合同的示范文本（如国家测绘局发布的《测绘合同示范文本》等）订立合同，也可以在遵守合同法的基础上由双方协商去制定相应的合同。测绘项目的完成一般需要项目委托方和项目承揽方共同协作来完成。在项目实施过程中存在多种不确定因素，所以测绘合同的订立又和一般的技术服务合同有所区别，特别是在有关合同标的（包括测绘范围、数量、质量等方面）的约定上，以及报酬和履约期限等约定上，一定要根据具体的项目及相关条件（技术及其他约束条件）来进行约定，以保证合同能够被正常执行，同时，也有利于保证合同双方的权益。

鉴于测绘项目种类繁多，其规模、工期及质量要求存在较大差异，所以合同的订立也存在一定的差异，合同内容自然也不尽相同。为不失一般性，这里将仅对测绘合同中较为重要的内容（或合同条款）进行较详细的描述。

1. 测绘范围

测绘项目有别于其他工程项目，它是针对特定的地理位置和空间范围展开的工作，所以在测绘合同中，首先必须明确该测绘项目所涉及的工作地点、具体的地理位置、测区边界和所覆盖的测区面积等内容。这同时也是合同标的的重要内容之一，测绘范围、测绘内容和测绘技术依据及质量标准构成了对测绘合同标的的完整描述。对于测绘范围，尤其是测区边界，必须有明确的、较为精细的界定，因为它是项目完工和项目验收的一个重要参考依据。测区边界可以用自然地物或人工地物的边界线来描述，如测区范围东边至××河，西至××公路，北至××山脚，南至××单位围墙；也可以由委托方在小比例尺地图上以标定测区范围的概略地理坐标来确定，如测区范围地理位置为东经 105°45′~105°~

56′，北纬 32°22′~32°30′。

2. 测绘内容

合同中的测绘内容是直接规约受托方所必须完成的实际测绘任务，它不仅包括所需开展的测绘任务种类，还必须包括具体应完成任务的数量（或大致数量），即明确界定本项目所涉及的具体测绘任务，以及必须完成的工作量，测绘内容也是合同标的的重要内容之一。测绘内容必须用准确简洁的语言加以描述，明确地逐一罗列出所需完成的任务及需提交的测绘成果等级、数量及质量，这些内容也是项目验收及成果移交的重要依据。例如，某测绘合同为某市委托某测绘单位完成该市的控制测量任务，其测绘内容包括：①城市四等 GPS 测量约 60 点；②三等水准测量约 80km；③一级导线测量约 80km；④四等水准测量约 120km；⑤5″级交会测量 1~2 点。城市四等 GPS 网点和三等水准网点属××市城市平面、高程基础（首级）控制网，控制面积约 120km；一级导线网点和四等水准网属××市城市平面、高程加密控制网，控制面积约 30km。

3. 技术依据和质量标准

和一般的技术服务合同不同，测绘项目的实施过程和所提交的测绘成果必须按照国家的相关技术规范（或规程）来执行，需依据这些规范及规程来完成测绘生产的过程控制及质量保证。所以，测绘合同中需对所采用的技术依据及测绘成果质量检查及验收标准有明确的约定，这是项目技术设计、项目实施及项目验收等的主要参照标准。一般情况下，技术依据及质量标准的确定需在合同签订前由当事人双方协商认定。对于未作约定的情形，应注明按照本行业相关规范及技术规程执行，以避免出现合同漏洞导致不必要的争议。

另一个极为重要的内容是约定测绘工作开展及测绘成果的数据基准，包括平面控制基准和高程控制基准。例如，某测绘合同中该部分文本为：经双方协商约定执行的技术依据及标准为：①《城市测量规范》CJJ 8-99；②《全球定位系统城市测量技术规程》CJJ 73-97；③对于本合同未提及情形，以相应的测绘行业规范、规程为准；④平面控制测量采用 1954 年北京坐标系，并需计算出 1980 年西安坐标系坐标成果，以满足甲方今后多方面工作的需要；⑤测区 y 坐标投影，需满足长度变形值不大于 2. 5cm/km；⑥高程控制采用 1956 黄海高程系，并需计算出 1985 国家高程基准高程。

4. 工程费用及其支付方式

合同中工程费用的计算，首先应注明所采用的国家正式颁布的收费依据或收费标准，然后需全部罗列出本项目涉及的各项收费分类细项，而后根据各细项的收费单价及其估算的工程量得出该细项的工程费用。除直接的工程费用外可能还包括其他费用，都需在费用预算列表中逐一罗列，整个项目的工程总价为各细项费用的总和。

费用的支付方式由甲乙双方参照行业惯例协商确定，一般按照工程进度（或合同执行情况）分阶段支付，包括首付款、项目进行中的阶段性付款及尾款几个部分。视项目规模大小不同，阶段性付款可以为一次或多次。阶段性付款的阶段划分一般由甲乙双方约定，可以按阶段性标志性成果来划分，也可以按照完成工程进度的百分比来划分，具体支付方式及支付额度需由双方协商解决。如《测绘合同示范文本》对工程费用的支付方式描述如下：

①自合同签订之日起××日内甲方向乙方支付定金人民币××元，并预付工程预算总价款的××%，人民币×××元。

②当乙方完成预算工程总量的××%时，甲方向乙方支付预算工程价款的××%，人民币×××元。

③当乙方完成预算工程总量的××%时，甲方向乙方支付预算工程价款的××%，人民币×××元。

④乙方自工程完工之日起××日内，根据实际工作量编制工程结算书，经甲、乙双方共同审定后，作为工程价款结算依据。自测绘成果验收合格之日起××日内，甲方应根据工程结算结果向乙方全部结清工程价款。

5. 项目实施进度安排

项目进度安排也是合同中的一项重要内容，对项目承接方（测绘单位）实际测绘生产有指导作用，是委托方及监理方监督和评价承接方是否按计划执行项目，及是否达到约定的阶段性目标的重要依据，也是阶段性工程费用结算的重要依据。进度安排应尽可能详细，一般应将拟定完成的工程内容罗列出来，标明每项工作计划完成的具体时间，以及预期的阶段性成果。对工程内容出现时间重叠和交错的情形，应按照完成的工程量进行阶段性分割。概括来说，进度计划必须明确，既要有时间分割标志，也应注明预期所获得的阶段性标志成果，使项目关联的各方都能准确理解及把握，避免产生歧义与分歧。

6. 甲乙双方的义务

测绘项目的完成需要双方共同协作及努力，双方应尽的义务也必须在合同中予以明确陈述。

甲方应尽义务主要包括：

①向乙方提交该测绘项目相关的资料。

②完成对乙方提交的技术设计书的审定工作。

③保证乙方的测绘队伍顺利进入现场工作，并对乙方进场人员的工作、生活提供必要的条件，保证工程款按时到位。

④允许乙方内部使用执行本合同所生产的测绘成果等。

乙方的义务主要包括：

①根据甲方的有关资料和本合同的技术要求完成技术设计书的编制，并交甲方审定。

②组织测绘队伍进场作业。

③根据技术设计书要求确保测绘项目如期完成。

④允许甲方内部使用乙方为执行本合同所提供的属乙方所有的测绘成果。

⑤未经甲方允许，乙方不得将本合同标的全部或部分转包给第三方等内容。

在合同中一般还需对各方拟尽义务的部分条款进行时间约束，以保证限期完成或达到要求，从而保障项目的顺利开展。

7. 提交成果及验收方式

合同中必须对项目完成后拟提交的测绘成果进行详细说明，并逐一罗列出成果名称、种类、技术规格、数量及其他需要说明的内容。成果的验收方式须由双方协商确定，一般情况下，应根据提交成果的不同类别进行分类验收，在存在监理方的情况下，验收工作必须由委托方、项目承接方和项目监理方三方共同来完成成果的质量检查及成果验收工作。

8. 其他内容

除了上述内容外，合同中还需包括下列内容：

①对违约责任的明确规定。

②对不可抗拒因素的处理方式。

③争议的解决方式及办法。

④测绘成果的版权归属和保密约定。

⑤合同未约定事宜的处理方式及解决办法等。

7.2.2 合同的订立、履行、变更、违约责任

1. 合同的订立

(1) 合同订立的概念

合同的订立是指两方以上当事人通过协商而于互相之间建立合同关系的行为。

(2) 合同订立的内容

合同的订立又称缔约，是当事人为设立、变更、终止财产权利义务关系而进行协商、达成协议的过程。

测绘合同订立的内容包含项目的规模、工期及质量要求、付款方式、提交的成果、违约责任等详尽内容。

(3) 合同订立的过程

①测绘合同的双方（项目委托方与项目承揽方）或多方当事人必须亲临订立现场。

②测绘合同的订立双方相互接触，互为意思表示，直到达成协议。

③双方当事人之间须以缔约而目的。

(4) 合同订立的结果

合同订立过程结束会有两种后果：

①双方当事人之间达成合意，即合同成立。

②双方当事人之间不能达成合意，即合同不成立。

2. 合同的履行

(1) 合同履行的概念

合同的履行，指的是合同规定义务的执行。任何合同规定义务的执行，都是合同的履行行为；相应地，凡是不执行合同规定义务的行为，都是合同的不履行。因此，合同的履行，表现为当事人执行合同义务的行为。当合同义务执行完毕时，合同也就履行完毕。

(2) 合同履行的内容

①合同履行是当事人的履约行为。测绘合同双方应严格按照合同约定履行各自的义务，保证合同的严肃性。

②履行合同的标准。履行合同，就其本质而言，指合同的全部履行。只有当事人双方按照测绘合同的约定或者法律的规定，全面、正确地完成各自承担的义务，才能使测绘合同债权得以实现，也才使合同法律关系归于消灭。

测绘合同履行主要包括三个方面的内容：项目承揽方按要求完成测绘工作，测绘项目

委托单位按时交付项目酬金，合同约定的附加工作和额外测绘工作及其酬金给付。

3. 合同的变更

（1）合同变更的概念

有效成立的测绘合同在尚未履行完毕之前，双方当事人协商一致而使测绘合同内容发生改变，双方签订变更后的测绘合同。测绘合同内容变更包括测绘的范围、测绘的内容、测绘的工程费用、项目的进度、提交的成果等。

（2）测绘合同变更的条件

①原测绘合同关系的有效存在。测绘合同变更是在原测绘合同的基础上，通过当事人双方的协商或者法律的规定改变原测绘合同关系的内容。

②当事人双方协商一致，不损害国家及社会公共利益。在协商变更合同的情况下，变更合同的协议必须符合相关法律的有效要件，任何一方不得采取欺诈、胁迫的方式来欺骗或强制他方当事人变更合同。

③合同非要素内容发生变更。须有合同内容的变化合同变更仅指合同的内容发生变化，不包括合同主体的变更，因而合同内容发生变化是合同变更不可或缺的条件。当然，合同变更必须是非实质性内容的变更，变更后的合同关系与原合同关系应当保持同一性。

④须遵循法定形式。合同变更必须遵守法定的方式，我国《合同法》第 77 条第 2 款规定：法律、行政法规规定变更合同应当办理批准、登记等手续的，依照其规定。

（3）合同变更的效力

①就合同变更的部分发生债权债务关系消灭的后果。合同变更的实质在于使变更后的合同代替原合同。因此，合同变更后，当事人应按变更后的合同内容履行。

②仅对合同未履行部分发生法律效力，即合同变更没有溯及力。合同变更原则上向将来发生效力，未变更的权利义务继续有效，已经履行的债务不因合同的变更而失去合法性。

③不影响当事人请求赔偿的权利。合同的变更不影响当事人要求赔偿的权利。原则上，提出变更的一方当事人对对方当事人因合同变更所受损失应负赔偿责任。

4. 合同的违约与责任

（1）合同违约

合同违约指违反合同债务的行为，也称为合同债务不履行。合同债务，既包括当事人在合同中约定的义务，又包括法律直接规定的义务，还包括根据法律原则和精神的要求，当事人所必须遵守的义务。仅指违反合同债务这一客观事实，不包括当事人及有关第三人的主观过错。

在测绘合同履行过程中，双方都可能不同程度地出现违约行为，多数比较轻微的违约行为对方可以谅解，严重违约主要有以下三种表现：

①项目委托方不按合同约定及时支付工程款。

②增加额外工作量或变更技术设计的主要条款造成工作量增加而不增加费用。

③不能在合同约定时间提交成果或提交的成果质量不符合要求。

（2）合同违约责任

除了合同违约免责条件与条款之外的违约行为，可按合同约定进行正常的索赔。

目前的测绘市场中合同违约的解决方式也存在一些不正常的现象，如不通过合同约定进行正常索赔，而是游离于合同之外进行利益较量，致使工程质量和进度难于保证。

7.2.3 成本预算

测绘单位取得与甲方签订的测绘合同后，财务部门根据合同规定的指标、项目施工技术设计书、测绘生产定额、测绘单位的承包经济责任制及有关的财务会计资料等编制测绘项目成本预算。测绘项目成本预算一般分为两种情况：如果项目是生产承包制，其成本预算由生产成本预算和应承担的期间费用预算组成；如果项目是生产经营承包制，其成本预算由生产成本预算、应承担承包部门费用预算和应承担的期间费用预算组成。

1. 成本预算的依据

依据本书4.4节测绘工程项目成本控制中的成本预测相关内容，根据测绘单位的具体情况，其成本管理可分为三个层次：为适应测绘项目生产承包制的要求，第一层次管理的成本就是测绘项目的直接生产费用，包括直接工资、直接材料、折旧费及生产人员的交通差旅费等，这一层次的项目成本合计数应等于该项目生产承包的结算金额。为适应测绘项目生产经营承包制的要求，第二层次管理的成本不仅包括测绘项目的直接生产费用，还包括可直接记入项目的相关费用和按规定的标准分配记入项目的承包部门费用。可直接记入项目的相关费用包括项目联系、结算、收款等销售费用、项目检查验收费用、按工资基数计提的福利费、工会经费、职工教育经费、住房公积金、养老保险金等。分配记入项目的承包部门费用包括承包部门开支的各项费用及根据承包责任制应上交的各项费用。为了正确反映测绘项目的投入产出效果，及全面有效地控制测绘项目成本，第三层次管理的成本包括测绘项目应承担的完全成本，它要求采用完全成本法进行管理。鉴于会计制度规定采用制造成本法进行成本核算，可在会计核算的成本报表中加入两栏，将可直接记入项目的期间费用和分配记入项目的期间费用，以全面反映和控制测绘项目成本。

2. 成本预算的内容

如前所述，成本预算除了直接的项目实施工程费用外，还包括多项其他的内容（如员工他项费用及机构运作成本等）。成本预算方式也包括多种形式，其具体采用的方式依赖于所在单位的机构组织模式、分配机制和相关的会计制度等。总的来说，成本预算的主要内容包括以下几个部分。

（1）生产成本

生产成本即直接用于完成特定项目所需的直接费用，主要包括直接人工费、直接材料费、交通差旅费、折旧费等，实行项目承包（或费用包干）的情形则只需计算直接承包费用和折旧费等内容。

（2）经营成本

除去直接的生产成本外，成本预算还应包含维持测绘单位正常运作的各种费用分配，主要包括两大类：①员工福利及他项费用，包括按工资基数计提的福利费、职工教育经费、住房公积金、养老保险金、失业保险等分配记入项目的部分；②机构运营费用，包括业务往来费用、办公费用、仪器购置、维护及更新费用、工会经费、社团活动费用、质量及安全控制成本、基础设施建设等反映测绘单位正常运作的费用分配记入项目的部分。

3. 成本预算的注意事项

成本预算具体操作需视情况而定。如前所述，它和单位的组织形式、用工方式和会计制度都有直接关系。当然，严格的、合理的项目成本预算有利于调动测绘人员的积极性，同时能最大限度地降低成本，创造相应效益。

7.3 FIDIC合同条件

7.3.1 FIDIC简介

FIDIC是“国际咨询工程师联合会”的缩写。该组织在每个国家或地区只吸收一个独立的咨询工程师协会作为团体会员，至今已有60多个发达国家和发展中国家或地区的成员，因此它是国际上最具有权威性的咨询工程师组织。我国已于1996年正式加入FIDIC组织。

为了规范国际工程咨询和承包活动，FIDIC先后发表过很多重要的管理性文件和标准化的合同文件范本。目前作为惯例已成为国际工程界公认的标准化合同格式有适用于工程咨询的《业主-咨询工程师标准服务协议书》，适用于施工承包的《土木工程施工合同条件》、《电气与机械工程合同条件》、《设计-建造与交钥匙合同条件》和《土木工程分包合同条件》。1999年9月，FIDIC又出版了新的《施工合同条件》、《工程设备与设计-建造合同条件》、《EPC交钥匙合同条件》及《合同简短格式》。这些合同文件不仅被FIDIC成员国广泛采用，而且世界银行、亚洲开发银行、非洲开发银行等金融机构也要求在其贷款建设的土木工程项目实施过程中使用以该文本为基础编制的合同条件。

这些合同条件的文本不仅适用于国际工程，而且稍加修改后同样适用于国内工程，我国有关部委编制的适用于大型工程施工的标准化范本都以FIDIC编制的合同条件为蓝本。

1. 土木工程施工合同条件

《土木工程施工合同条件》是FIDIC最早编制的合同文本，也是其他几个合同条件的基础。该文本适用于业主（或业主委托第三人）提供设计的工程施工承包，以单价合同为基础（也允许其中部分工作以总价合同承包），广泛用于土木建筑工程施工、安装承包的标准化合同格式。土木工程施工合同条件的主要特点表现为，条款中责任的约定以招标选择承包商为前提，合同履行过程中建立以工程师为核心的管理模式。

2. 电气与机械工程合同条件

《电气与机械工程合同条件》适用于大型工程的设备提供和施工安装，承包工作范围包括设备的制造、运送、安装和保修几个阶段。这个合同条件是在土木工程施工合同条件基础上编制的，针对相同情况制定的条款完全照抄土木工程施工合同条件的规定。与土木工程施工合同条件的区别主要表现为：一是该合同涉及的不确定风险的因素较少，但实施阶段管理程序较为复杂，因此条目少、款数多；二是支付管理程序与责任划分基于总价合同。这个合同条件一般适用于大型项目中的安装工程。

3. 设计-建造与交钥匙合同条件

FIDIC编制的《设计-建造与交钥匙工程合同条件》是适用于总承包的合同文本，承包工作内容包括设计、设备采购、施工、物资供应、安装、调试、保修。这种承包模式可以减少设计与施工之间的脱节或矛盾，而且有利于节约投资。该合同文本是基于不可调价的总价承包编制的合同条件。土建施工和设备安装部分的责任，基本上套用土木工程施工合同条件和电气与机械工程合同条件的相关约定。交钥匙合同条件既可以用于单一合同施工的项目，也可以用于作为多合同项目中的一个合同，如承包商负责提供各项设备、单项构筑物或整套设施的承包。

4. 土木工程施工分包合同条件

FIDIC 编制的《土木工程施工分包合同条件》是与《土木工程施工合同条件》配套使用的分包合同文本。分包合同条件可用于承包商与其选定的分包商，或与业主选择的指定分包商签订的合同。分包合同条件的特点是，既要保持与主合同条件中分包工程部分规定的权利义务约定一致，又要区分负责实施分包工作当事人改变后两个合同之间的差异。

F1DIC 出版的所有合同文本结构，都是以通用条件、专用条件和其他标准化文件的格式编制。

（1）通用条件

所谓“通用”，其含义是工程建设项目不论属于哪个行业，也不管处于何地，只要是土木工程类的施工均可适用。条款内容涉及：合同履行过程中业主和承包商各方的权利与义务，工程师（交钥匙合同中为业主代表）的权力和职责，各种可能预见到事件发生后的责任界限，合同正常履行过程中各方应遵循的工作程序，以及因意外事件而使合同被迫解除时各方应遵循的工作准则等。

（2）专用条件

专用条件是相对于“通用”而言，要根据准备实施的项目的工程专业特点，以及工程所在地的政治、经济、法律、自然条件等地域特点，针对通用条件中条款的规定加以具体化。可以对通用条件中的规定进行相应补充完善、修订或取代其中的某些内容，以及增补通用条件中没有规定的条款。专用条件中条款序号应与通用条件中要说明条款的序号对应，通用条件和专用条件内相同序号的条款共同构成对某一问题的约定责任。如果通用条件内的某一条款内容完备、适用，专用条件内可不再重复列此条款。

（3）标准化的文件格式

FIDIC 编制的标准化合同文本，除了通用条件和专用条件以外，还包括有标准化的投标书（及附录）和协议书的格式文件。投标书的格式文件只有一页内容，是投标人愿意遵守招标文件规定的承诺表示。投标人只需填写投标报价并签字后，即可与其他材料一起构成有法律效力的投标文件。投标书附件列出了通用条件和专用条件内涉及工期和费用内容的明确数值，与专用条件中的条款序号和具体要求相一致，以使承包商在投标时予以考虑。这些数据经承包商填写并签字确认后，在合同履行过程中作为双方遵照执行的依据。

协议书是业主与中标承包商签订施工承包合同的标准化格式文件，双方只要在空格内填入相应内容，并签字盖章后合同即可生效。

7.3.2 FIDIC 合同条件的主要内容

1. 合同的法律基础、合同语言和合同文件

(1) 合同的法律基础

投标函附录中必须明确规定合同受哪个国家或其他管辖区域的管辖法律的制约。

(2) 合同语言

如果合同文本采用一种以上的语言编写，由此形成了不同的版本，则以投标函附录中规定的主导语言编写的版本为准。

工程中的往来信函应使用投标附录规定的“通信联络的语言”。工程师助理、承包商的代表及其委托人必须能够流利地使用“通信联络的语言”进行日常交流。

(3) 合同文件

构成合同的各个文件应能相互解释，相互说明。当合同文件中出现含混或矛盾之处时，由工程师负责解释。构成合同的各文件的优先次序为：

①合同协议书；

②中标函；

③投标函；

④专用条件；

⑤通用条件；

⑥规范；

⑦图纸；

⑧资料表以及其他构成合同一部分的文件。

2. 合同类型

①FIDIC 施工合同是业主与承包商签订的施工承包合同，它适用于业主设计的房屋建筑或工程，也可由承包商承担部分永久工程的设计。

②FIDIC 施工合同条件实行以工程师为核心的管理模式，承包商只应从工程师处接受有关指令，业主不能直接指挥承包商。

③从合同计价方法角度，FIDIC 施工合同条件属于单价合同。但在增加了“工程款支付表”后，使 FIDIC 施工合同条件同样适用于总价合同。

FIDIC 施工合同条件中主要包括了业主的责任和权力、承包商的责任和权力、合同价格及支付等内容。

7.3.3 FIDIC 中工程师的主要职责

①工程师是由业主选定的在投标函附录中指明为工程师的人员。工程师可行使合同中明确规定的或必然隐含的赋予他的权力，承包商仅从工程师或其授权的助理处接受指令。但如果要求工程师在行使某项权力前需经业主批准，则必须在 FIDIC 合同专用条件中注明。但工程师不属于施工合同的任何一方，工程师在行使自己的权力，处理问题的时候必须公正地行事。

②工程师负责解释合同中的含混和矛盾之处，并作出相应的澄清或指令。

③如果由于非承包商的责任，工程师未能在一合理时间内向承包商颁发图纸、指令，则应给承包商工期和费用补偿。

④工程师为确保承包商遵守合同，可合理要求承包商透露其保密事项。

⑤当按合同规定应给予承包商工期延长和费用补偿，或应给予业主缺陷通知期延长和费用赔偿时，由工程师决定时间的延长量和费用的补（赔）偿量。但在作出决定前，工程师应与各方协商，并于决定作出后及时通知业主和承包商。

⑥工程师无权解除业主或承包商任何一方的合同责任，这意味着：

a. 工程师无权超越合同范围给任何一方免责；

b. 工程师行使任何权力不能解除当事人依据合同应负有的责任。例如，对隐蔽工程，虽然工程师已检查并签字，但如果隐蔽工程出现质量问题，仍应由承包商负责。

⑦工程师可以书面任命助理，将他的一部分职责和权力委托给助理，但不得将他对任何事项的决定权委托给助理。

⑧工程师可以在任何时候根据合同向承包商发出指令，该指令应尽量是书面的。如果工程师发出的是口头指令，则承包商应在指令发出的 2 天内向工程师要求书面确认，而工程师在 2 天内未以书面形式否认，则此项指令成为工程师的书面指令。

⑨工程师有权了解承包商为实施工程所采用的方法及安排。未经工程师同意，承包商不得修改此类方法及安排。对于由承包商负责设计的部分永久工程，工程师负责审批承包商的设计文件；在工程竣工检验之前，工程师负责审批承包商提交的竣工文件和操作维修手册。

⑩承包商代表的任命或撤换，以及对承包商代表委托授权的人员的任命或撤换，都必须征得工程师的同意。工程师可以要求承包商撤换他认为有下列行为的承包商的人员：

a. 经常行为不轨或不认真；

b. 履行职责时不能胜任或玩忽职守；

c. 不遵守合同的规定；

d. 经常出现有损健康与安全或有损环境保护的行为。

⑪工程师有权批准承包商拟雇用的分包商，但承包商的材料供应商和合同条件中注明的分包商无需工程师的事先同意。

⑫工程师有权对承包商的质量保证体系进行审查。

⑬当承包商遇到不可预见的外界条件时应通知工程师，工程师进行审查，以确定这些外界条件是否是承包商不可预见的，以及对工期和费用有多大的影响。

⑭未经工程师同意，承包商已运至现场的设备中的主要部分不得移出现场。

⑮对承包商为工程之目的所使用的现场供应的电、水、气及其他设施，以及按照合同规定使用业主的设备，由工程师决定其消耗的数量和应付的款额。

⑯工程师有权批准承包商的进度计划，或要求承包商修改进度计划。当实际进度落后于计划进度或无法按期竣工时，工程师可以要求承包商修改进度计划并说明赶工方法。工程师每月审查承包商的进度报告。

⑰工程师的检查权：

a. 工程师有权在一切合理的时间进入现场和获得自然材料的场所；有权在材料、永久设备、工艺的生产过程中进行检验，要求承包商提交有关材料样品。

b. 在永久设备、材料、工艺覆盖或包装之前，承包商应及时通知工程师，工程师应立即检查或通知承包商无需检查。

c. 工程师应与承包商商定对永久设备、材料、工程检验的时间和地点。工程师可以变更规定检验的位置或细节。如果工程师未在商定的时间和地点参加检验，则承包商的检验结果应被视为是工程师在场情况下做出的。

d. 经过检验，对任何不符合合同规定的永久设备、材料或工艺，工程师有权拒收。当工程师再度对这类永久设备、材料或工艺检验时，由承包商支付费用。

⑱工程师有权随时指令承包商：

a. 将工程师认为不符合合同规定的永久设备或材料从现场移走，并进行替换。

b. 把不符合合同规定的任何工程移走，并重建。

c. 实施因保护工程安全而急需的工作。

⑲工程师可随时指令承包商暂停部分或全部工程。

⑳工程师有权要求承包商在其指导下调查产生缺陷的原因。

㉑工程师变更工程的权力。

a. 工程变更方式。在工程接受证书颁发前的任何时间，工程师有权通过如下两种方式提出变更：发布指令；要求承包商递交一份变更建议书（价值工程）。

未经工程师同意或发出指令，承包商不得变更工程。

b. 变更的内容：对合同中任何工作的工程量的改变；任何工作质量或其他特性上的改变。工程任何部分标高、位置和尺寸上的改变。省略任何工作，除非它已被他人完成。永久工程所必需的任何附加工作，包括任何联合竣工检验、钻孔、其他检验以及勘察工作。工程的实施顺序或时间安排的改变。

c. 变更的估价。工程师有权确定每项工作的费率或价格，共分三种情况：合同中有同类工作，则采用同类工作已确定的费率或价格。合同中有类似工作，则采用类似工作已确定的费率或价格。合同中既无同类工作也没有类似工作，或者对于不是合同规定的“固定费率项目”，其实际工程量比预计工程量变动大于10%，并且涉及的合同款额达到一定比例时，由工程师确定这类工作的费率或价格。

d. 工程师有权决定每笔暂定金额的部分或全部使用。

e. 对于数量少或偶然进行的零散工作，工程师可以确定在计日工的基础上实施变更。

㉒工程师应按合同规定及时向承包商签发各种付款证书。例如，预付款支付证书、期中支付证书、保留金支付证书、最终支付证书等。

㉓工程师应按合同规定对已竣工的工程或部分工程进行检验，并向承包商颁发相应的工程接收证书。在承包商的最后一个缺陷通知期期满后28天内向承包商颁发履约证书，并向业主提交副本。

◎复习思考题

1. 简述合同的形式和内容。

2. 简述合同示范文本与格式条款合同的概念。
3. 哪些合同属于无效合同?
4. 合同履行的原则有哪些?
5. 简述测绘项目的技术依据和质量标准。
6. 测绘合同变更的条件有哪些?
7. FIDIC 合同条件的主要内容有哪些?
8. 简述 FIDIC 中工程师的主要职责。

附录1　中华人民共和国测绘法

（2002年8月29日第九届全国人民代表大会常务委员会第二十九次会议修订通过，
2002年8月29日中华人民共和国主席令第75号公布，自2002年12月1日起施行）

第1章　总　　则

第1条　为了加强测绘管理，促进测绘事业发展，保障测绘事业为国家经济建设、国防建设和社会发展服务，制定本法。

第2条　在中华人民共和国领域和管辖的其他海域从事测绘活动，应当遵守本法。

本法所称测绘，是指对自然地理要素或者地表人工设施的形状、大小、空间位置及其属性等进行测定、采集、表述以及对获取的数据、信息、成果进行处理和提供的活动。

第3条　测绘事业是经济建设、国防建设、社会发展的基础性事业。各级人民政府应当加强对测绘工作的领导。

第4条　国务院测绘行政主管部门负责全国测绘工作的统一监督管理。国务院其他有关部门按照国务院规定的职责分工，负责本部门有关的测绘工作。

县级以上地方人民政府负责管理测绘工作的行政部门（以下简称测绘行政主管部门）负责本行政区域测绘工作的统一监督管理。县级以上地方人民政府其他有关部门按照本级人民政府规定的职责分工，负责本部门有关的测绘工作。

军队测绘主管部门负责管理军事部门的测绘工作，并按照国务院、中央军事委员会规定的职责分工负责管理海洋基础测绘工作。

第5条　从事测绘活动，应当使用国家规定的测绘基准和测绘系统，执行国家规定的测绘技术规范和标准。

第6条　国家鼓励测绘科学技术的创新和进步，采用先进的技术和设备，提高测绘水平。对在测绘科学技术进步中做出重要贡献的单位和个人，按照国家有关规定给予奖励。

第7条　外国的组织或者个人在中华人民共和国领域和管辖的其他海域从事测绘活动，必须经国务院测绘行政主管部门会同军队测绘主管部门批准，并遵守中华人民共和国的有关法律、行政法规的规定。

外国的组织或者个人在中华人民共和国领域从事测绘活动，必须与中华人民共和国有关部门或者单位依法采取合资、合作的形式进行，并不得涉及国家秘密和危害国家安全。

第 2 章　测绘基准和测绘系统

第 8 条　国家设立和采用全国统一的大地基准、高程基准、深度基准和重力基准，其数据由国务院测绘行政主管部门审核，并与国务院其他有关部门、军队测绘主管部门会商后，报国务院批准。

第 9 条　国家建立全国统一的大地坐标系统、平面坐标系统、高程系统、地心坐标系统和重力测量系统，确定国家大地测量等级和精度以及国家基本比例尺地图的系列和基本精度。具体规范和要求由国务院测绘行政主管部门会同国务院其他有关部门、军队测绘主管部门制定。

在不妨碍国家安全的情况下，确有必要采用国际坐标系统的，必须经国务院测绘行政主管部门会同军队测绘主管部门批准。

第 10 条　因建设、城市规划和科学研究的需要，大城市和国家重大工程项目确需建立相对独立的平面坐标系统的，由国务院测绘行政主管部门批准；其他确需建立相对独立的平面坐标系统的，由省、自治区、直辖市人民政府测绘行政主管部门批准。

建立相对独立的平面坐标系统，应当与国家坐标系统相联系。

第 3 章　基 础 测 绘

第 11 条　基础测绘是公益性事业。国家对基础测绘实行分级管理。

本法所称基础测绘，是指建立全国统一的测绘基准和测绘系统，进行基础航空摄影，获取基础地理信息的遥感资料，测制和更新国家基本比例尺地图、影像图和数字化产品，建立、更新基础地理信息系统。

第 12 条　国务院测绘行政主管部门会同国务院其他有关部门、军队测绘主管部门组织编制全国基础测绘规划，报国务院批准后组织实施。

县级以上地方人民政府测绘行政主管部门会同本级人民政府其他有关部门根据国家和上一级人民政府的基础测绘规划和本行政区域内的实际情况，组织编制本行政区域的基础测绘规划，报本级人民政府批准，并报上一级测绘行政主管部门备案后组织实施。

第 13 条　军队测绘主管部门负责编制军事测绘规划，按照国务院、中央军事委员会规定的职责分工负责编制海洋基础测绘规划，并组织实施。

第 14 条　县级以上人民政府应当将基础测绘纳入本级国民经济和社会发展年度计划及财政预算。

国务院发展计划主管部门会同国务院测绘行政主管部门，根据全国基础测绘规划，编制全国基础测绘年度计划。

县级以上地方人民政府发展计划主管部门会同同级测绘行政主管部门，根据本行政区域的基础测绘规划，编制本行政区域的基础测绘年度计划，并分别报上一级主管部门备案。

国家对边远地区、少数民族地区的基础测绘给予财政支持。

第 15 条 基础测绘成果应当定期进行更新，国民经济、国防建设和社会发展急需的基础测绘成果应当及时更新。

基础测绘成果的更新周期根据不同地区国民经济和社会发展的需要确定。

第 4 章 界线测绘和其他测绘

第 16 条 中华人民共和国国界线的测绘，按照中华人民共和国与相邻国家缔结的边界条约或者协定执行。中华人民共和国地图的国界线标准样图，由外交部和国务院测绘行政主管部门拟订，报国务院批准后公布。

第 17 条 行政区域界线的测绘，按照国务院有关规定执行。省、自治区、直辖市和自治州、县、自治县、市行政区域界线的标准画法图，由国务院民政部门和国务院测绘行政主管部门拟订，报国务院批准后公布。

第 18 条 国务院测绘行政主管部门会同国务院土地行政主管部门编制全国地籍测绘规划。县级以上地方人民政府测绘行政主管部门会同同级土地行政主管部门编制本行政区域的地籍测绘规划。

县级以上人民政府测绘行政主管部门按照地籍测绘规划，组织管理地籍测绘。

第 19 条 测量土地、建筑物、构筑物和地面其他附着物的权属界址线，应当按照县级以上人民政府确定的权属界线的界址点、界址线或者提供的有关登记资料和附图进行。权属界址线发生变化时，有关当事人应当及时进行变更测绘。

第 20 条 城市建设领域的工程测量活动，与房屋产权、产籍相关的房屋面积的测量，应当执行由国务院建设行政主管部门、国务院测绘行政主管部门负责组织编制的测量技术规范。

水利、能源、交通、通信、资源开发和其他领域的工程测量活动，应当按照国家有关的工程测量技术规范进行。

第 21 条 建立地理信息系统，必须采用符合国家标准的基础地理信息数据。

第 5 章 测绘资质资格

第 22 条 国家对从事测绘活动的单位实行测绘资质管理制度。

从事测绘活动的单位应当具备下列条件，并依法取得相应等级的测绘资质证书后，方可从事测绘活动：

1. 有与其从事的测绘活动相适应的专业技术人员；
2. 有与其从事的测绘活动相适应的技术装备和设施；
3. 有健全的技术、质量保证体系和测绘成果及资料档案管理制度；
4. 具备国务院测绘行政主管部门规定的其他条件。

第 23 条 国务院测绘行政主管部门和省、自治区、直辖市人民政府测绘行政主管部门按照各自的职责负责测绘资质审查、发放资质证书，具体办法由国务院测绘行政主管部门商国务院其他有关部门规定。

军队测绘主管部门负责军事测绘单位的测绘资质审查。

第24条 测绘单位不得超越其资质等级许可的范围从事测绘活动或者以其他测绘单位的名义从事测绘活动，并不得允许其他单位以本单位的名义从事测绘活动。

测绘项目实行承发包的，测绘项目的发包单位不得向不具有相应测绘资质等级的单位发包或者迫使测绘单位以低于测绘成本承包。

测绘单位不得将承包的测绘项目转包。

第25条 从事测绘活动的专业技术人员应当具备相应的执业资格条件，具体办法由国务院测绘行政主管部门会同国务院人事行政主管部门规定。

第26条 测绘人员进行测绘活动时，应当持有测绘作业证件。

任何单位和个人不得妨碍、阻挠测绘人员依法进行测绘活动。

第27条 测绘单位的资质证书、测绘专业技术人员的执业证书和测绘人员的测绘作业证件的式样，由国务院测绘行政主管部门统一规定。

第6章 测绘成果

第28条 国家实行测绘成果汇交制度。

测绘项目完成后，测绘项目出资人或者承担国家投资的测绘项目的单位，应当向国务院测绘行政主管部门或者省、自治区、直辖市人民政府测绘行政主管部门汇交测绘成果资料。属于基础测绘项目的，应当汇交测绘成果副本；属于非基础测绘项目的，应当汇交测绘成果目录。负责接收测绘成果副本和目录的测绘行政主管部门应当出具测绘成果汇交凭证，并及时将测绘成果副本和目录移交给保管单位。测绘成果汇交的具体办法由国务院规定。

国务院测绘行政主管部门和省、自治区、直辖市人民政府测绘行政主管部门应当定期编制测绘成果目录，向社会公布。

第29条 测绘成果保管单位应当采取措施保障测绘成果的完整和安全，并按照国家有关规定向社会公开和提供利用。

测绘成果属于国家秘密的，适用国家保密法律、行政法规的规定；需要对外提供的，按照国务院和中央军事委员会规定的审批程序执行。

第30条 使用财政资金的测绘项目和使用财政资金的建设工程测绘项目，有关部门在批准立项前应当征求本级人民政府测绘行政主管部门的意见，有适宜测绘成果的，应当充分利用已有的测绘成果，避免重复测绘。

第31条 基础测绘成果和国家投资完成的其他测绘成果，用于国家机关决策和社会公益性事业的，应当无偿提供。

前款规定之外的，依法实行有偿使用制度；但是，政府及其有关部门和军队因防灾、减灾、国防建设等公共利益的需要，可以无偿使用。

测绘成果使用的具体办法由国务院规定。

第32条 中华人民共和国领域和管辖的其他海域的位置、高程、深度、面积、长度等重要地理信息数据，由国务院测绘行政主管部门审核，并与国务院其他有关部门、军队测绘主管部门会商后，报国务院批准，由国务院或者国务院授权的部门公布。

第 33 条 各级人民政府应当加强对编制、印刷、出版、展示、登载地图的管理，保证地图质量，维护国家主权、安全和利益。具体办法由国务院规定。

各级人民政府应当加强对国家版图意识的宣传教育，增强公民的国家版图意识。

第 34 条 测绘单位应当对其完成的测绘成果质量负责。县级以上人民政府测绘行政主管部门应当加强对测绘成果质量的监督管理。

第 7 章　测量标志保护

第 35 条 任何单位和个人不得损毁或者擅自移动永久性测量标志和正在使用中的临时性测量标志，不得侵占永久性测量标志用地，不得在永久性测量标志安全控制范围内从事危害测量标志安全和使用效能的活动。

本法所称永久性测量标志，是指各等级的三角点、基线点、导线点、军用控制点、重力点、天文点、水准点和卫星定位点的木质觇标、钢质觇标和标石标志，以及用于地形测图、工程测量和形变测量的固定标志和海底大地点设施。

第 36 条 永久性测量标志的建设单位应当对永久性测量标志设立明显标记，并委托当地有关单位指派专人负责保管。

第 37 条 进行工程建设，应当避开永久性测量标志；确实无法避开，需要拆迁永久性测量标志或者使永久性测量标志失去效能的，应当经国务院测绘行政主管部门或者省、自治区、直辖市人民政府测绘行政主管部门批准；涉及军用控制点的，应当征得军队测绘主管部门的同意。所需迁建费用由工程建设单位承担。

第 38 条 测绘人员使用永久性测量标志，必须持有测绘作业证件，并保证测量标志的完好。

保管测量标志的人员应当查验测量标志使用后的完好状况。

第 39 条 县级以上人民政府应当采取有效措施加强测量标志的保护工作。

县级以上人民政府测绘行政主管部门应当按照规定检查、维护永久性测量标志。

乡级人民政府应当做好本行政区域内的测量标志保护工作。

第 8 章　法 律 责 任

第 40 条 违反本法规定，有下列行为之一的，给予警告，责令改正，可以并处十万元以下的罚款；对负有直接责任的主管人员和其他直接责任人员，依法给予行政处分：

1. 未经批准，擅自建立相对独立的平面坐标系统的；

2. 建立地理信息系统，采用不符合国家标准的基础地理信息数据的。

第 41 条 违反本法规定，有下列行为之一的，给予警告，责令改正，可以并处十万元以下的罚款；构成犯罪的，依法追究刑事责任；尚不够刑事处罚的，对负有直接责任的主管人员和其他直接责任人员，依法给予行政处分：

1. 未经批准，在测绘活动中擅自采用国际坐标系统的；

2. 擅自发布中华人民共和国领域和管辖的其他海域的重要地理信息数据的。

第42条 违反本法规定，未取得测绘资质证书，擅自从事测绘活动的，责令停止违法行为，没收违法所得和测绘成果，并处测绘约定报酬一倍以上二倍以下的罚款。

以欺骗手段取得测绘资质证书从事测绘活动的，吊销测绘资质证书，没收违法所得和测绘成果，并处测绘约定报酬一倍以上二倍以下的罚款。

第43条 违反本法规定，测绘单位有下列行为之一的，责令停止违法行为，没收违法所得和测绘成果，处测绘约定报酬一倍以上二倍以下的罚款，并可以责令停业整顿或者降低资质等级；情节严重的，吊销测绘资质证书：

1. 超越资质等级许可的范围从事测绘活动的；
2. 以其他测绘单位的名义从事测绘活动的；
3. 允许其他单位以本单位的名义从事测绘活动的。

第44条 违反本法规定，测绘项目的发包单位将测绘项目发包给不具有相应资质等级的测绘单位或者迫使测绘单位以低于测绘成本承包的，责令改正，可以处测绘约定报酬二倍以下的罚款。发包单位的工作人员利用职务上的便利，索取他人财物或者非法收受他人财物，为他人谋取利益，构成犯罪的，依法追究刑事责任；尚不够刑事处罚的，依法给予行政处分。

第45条 违反本法规定，测绘单位将测绘项目转包的，责令改正，没收违法所得，处测绘约定报酬一倍以上二倍以下的罚款，并可以责令停业整顿或者降低资质等级；情节严重的，吊销测绘资质证书。

第46条 违反本法规定，未取得测绘执业资格，擅自从事测绘活动的，责令停止违法行为，没收违法所得，可以并处违法所得二倍以下的罚款；造成损失的，依法承担赔偿责任。

第47条 违反本法规定，不汇交测绘成果资料的，责令限期汇交；逾期不汇交的，对测绘项目出资人处以重测所需费用一倍以上二倍以下的罚款；对承担国家投资的测绘项目的单位处一万元以上五万元以下的罚款，暂扣测绘资质证书，自暂扣测绘资质证书之日起六个月内仍不汇交测绘成果资料的，吊销测绘资质证书，并对负有直接责任的主管人员和其他直接责任人员依法给予行政处分。

第48条 违反本法规定，测绘成果质量不合格的，责令测绘单位补测或者重测；情节严重的，责令停业整顿，降低资质等级直至吊销测绘资质证书；给用户造成损失的，依法承担赔偿责任。

第49条 违反本法规定，编制、印刷、出版、展示、登载的地图发生错绘、漏绘、泄密，危害国家主权或者安全，损害国家利益，构成犯罪的，依法追究刑事责任；尚不够刑事处罚的，依法给予行政处罚或者行政处分。

第50条 违反本法规定，有下列行为之一的，给予警告，责令改正，可以并处五万元以下的罚款；造成损失的，依法承担赔偿责任；构成犯罪的，依法追究刑事责任；尚不够刑事处罚的，对负有直接责任的主管人员和其他直接责任人员，依法给予行政处分：

1. 损毁或者擅自移动永久性测量标志和正在使用中的临时性测量标志的；
2. 侵占永久性测量标志用地的；

3. 在永久性测量标志安全控制范围内从事危害测量标志安全和使用效能的活动的；

4. 在测量标志占地范围内，建设影响测量标志使用效能的建筑物的；

5. 擅自拆除永久性测量标志或者使永久性测量标志失去使用效能，或者拒绝支付迁建费用的；

6. 违反操作规程使用永久性测量标志，造成永久性测量标志毁损的。

第 51 条 违反本法规定，有下列行为之一的，责令停止违法行为，没收测绘成果和测绘工具，并处一万元以上十万元以下的罚款；情节严重的，并处十万元以上五十万元以下的罚款，责令限期离境；所获取的测绘成果属于国家秘密，构成犯罪的，依法追究刑事责任：

1. 外国的组织或者个人未经批准，擅自在中华人民共和国领域和管辖的其他海域从事测绘活动的；

2. 外国的组织或者个人未与中华人民共和国有关部门或者单位合资、合作，擅自在中华人民共和国领域从事测绘活动的。

第 52 条 本法规定的降低资质等级、暂扣测绘资质证书、吊销测绘资质证书的行政处罚，由颁发资质证书的部门决定；其他行政处罚由县级以上人民政府测绘行政主管部门决定。

本法第 51 条规定的责令限期离境由公安机关决定。

第 53 条 违反本法规定，县级以上人民政府测绘行政主管部门工作人员利用职务上的便利收受他人财物、其他好处或者玩忽职守，对不符合法定条件的单位核发测绘资质证书，不依法履行监督管理职责，或者发现违法行为不予查处，造成严重后果，构成犯罪的，依法追究刑事责任；尚不够刑事处罚的，对负有直接责任的主管人员和其他直接责任人员，依法给予行政处分。

第 9 章　附　　则

第 54 条 军事测绘管理办法由中央军事委员会根据本法规定。

第 55 条 本法自 2002 年 12 月 1 日起施行。

附录 2　基础测绘条例

《基础测绘条例》于 2009 年 5 月 6 日国务院
第 62 次常务会议通过，自 2009 年 8 月 1 日起施行。

第 1 章　总　　则

第 1 条　为了加强基础测绘管理，规范基础测绘活动，保障基础测绘事业为国家经济建设、国防建设和社会发展服务，根据《中华人民共和国测绘法》，制定本条例。

第 2 条　在中华人民共和国领域和中华人民共和国管辖的其他海域从事基础测绘活动，适用本条例。

本条例所称基础测绘，是指建立全国统一的测绘基准和测绘系统，进行基础航空摄影，获取基础地理信息的遥感资料，测制和更新国家基本比例尺地图、影像图和数字化产品，建立、更新基础地理信息系统。

在中华人民共和国领海、中华人民共和国领海基线向陆地一侧至海岸线的海域和中华人民共和国管辖的其他海域从事海洋基础测绘活动，按照国务院、中央军事委员会的有关规定执行。

第 3 条　基础测绘是公益性事业。

县级以上人民政府应当加强对基础测绘工作的领导，将基础测绘纳入本级国民经济和社会发展规划及年度计划，所需经费列入本级财政预算。

国家对边远地区和少数民族地区的基础测绘给予财政支持。具体办法由财政部门会同同级测绘行政主管部门制定。

第 4 条　基础测绘工作应当遵循统筹规划、分级管理、定期更新、保障安全的原则。

第 5 条　国务院测绘行政主管部门负责全国基础测绘工作的统一监督管理。

县级以上地方人民政府负责管理测绘工作的行政部门（以下简称测绘行政主管部门）负责本行政区域基础测绘工作的统一监督管理。

第 6 条　国家鼓励在基础测绘活动中采用先进科学技术和先进设备，加强基础研究和信息化测绘体系建设，建立统一的基础地理信息公共服务平台，实现基础地理信息资源共享，提高基础测绘保障服务能力。

第 2 章　基础测绘规划

第 7 条　国务院测绘行政主管部门会同国务院其他有关部门、军队测绘主管部门，组织编制全国基础测绘规划，报国务院批准后组织实施。

县级以上地方人民政府测绘行政主管部门会同本级人民政府其他有关部门，根据国家和上一级人民政府的基础测绘规划和本行政区域的实际情况，组织编制本行政区域的基础测绘规划，报本级人民政府批准，并报上一级测绘行政主管部门备案后组织实施。

第 8 条 基础测绘规划报送审批前，组织编制机关应当组织专家进行论证，并征求有关部门和单位的意见。其中，地方的基础测绘规划，涉及军事禁区、军事管理区或者作战工程的，还应当征求军事机关的意见。

基础测绘规划报送审批文件中应当附具意见采纳情况及理由。

第 9 条 组织编制机关应当依法公布经批准的基础测绘规划。

经批准的基础测绘规划是开展基础测绘工作的依据，未经法定程序不得修改；确需修改的，应当按照本条例规定的原审批程序报送审批。

第 10 条 国务院发展改革部门会同国务院测绘行政主管部门，编制全国基础测绘年度计划。

县级以上地方人民政府发展改革部门会同同级测绘行政主管部门，编制本行政区域的基础测绘年度计划，并分别报上一级主管部门备案。

第 11 条 县级以上人民政府测绘行政主管部门应当根据应对自然灾害等突发事件的需要，制定相应的基础测绘应急保障预案。

基础测绘应急保障预案的内容应当包括：应急保障组织体系，应急装备和器材配备，应急响应，基础地理信息数据的应急测制和更新等应急保障措施。

第 3 章 基础测绘项目的组织实施

第 12 条 下列基础测绘项目，由国务院测绘行政主管部门组织实施：

1. 建立全国统一的测绘基准和测绘系统；
2. 建立和更新国家基础地理信息系统；
3. 组织实施国家基础航空摄影；
4. 获取国家基础地理信息遥感资料；
5. 测制和更新全国 1∶100 万至 1∶2.5 万国家基本比例尺地图、影像图和数字化产品；
6. 国家急需的其他基础测绘项目。

第 13 条 下列基础测绘项目，由省、自治区、直辖市人民政府测绘行政主管部门组织实施：

1. 建立本行政区域内与国家测绘系统相统一的大地控制网和高程控制网；
2. 建立和更新地方基础地理信息系统；
3. 组织实施地方基础航空摄影；
4. 获取地方基础地理信息遥感资料；
5. 测制和更新本行政区域 1∶1 万至 1∶5000 国家基本比例尺地图、影像图和数字化产品。

第 14 条 设区的市、县级人民政府依法组织实施 1：2000 至 1：500 比例尺地图、影像图和数字化产品的测制和更新以及地方性法规、地方政府规章确定由其组织实施的基础测绘项目。

第 15 条 组织实施基础测绘项目，应当依据基础测绘规划和基础测绘年度计划，依法确定基础测绘项目承担单位。

第 16 条 基础测绘项目承担单位应当具有与所承担的基础测绘项目相应等级的测绘资质，并不得超越其资质等级许可的范围从事基础测绘活动。

基础测绘项目承担单位应当具备健全的保密制度和完善的保密设施，严格执行有关保守国家秘密法律、法规的规定。

第 17 条 从事基础测绘活动，应当使用全国统一的大地基准、高程基准、深度基准、重力基准，以及全国统一的大地坐标系统、平面坐标系统、高程系统、地心坐标系统、重力测量系统，执行国家规定的测绘技术规范和标准。

因建设、城市规划和科学研究的需要，确需建立相对独立的平面坐标系统的，应当与国家坐标系统相联系。

第 18 条 县级以上人民政府及其有关部门应当遵循科学规划、合理布局、有效利用、兼顾当前与长远需要的原则，加强基础测绘设施建设，避免重复投资。

国家安排基础测绘设施建设资金，应当优先考虑航空摄影测量、卫星遥感、数据传输以及基础测绘应急保障的需要。

第 19 条 国家依法保护基础测绘设施。

任何单位和个人不得侵占、损毁、拆除或者擅自移动基础测绘设施。基础测绘设施遭受破坏的，县级以上地方人民政府测绘行政主管部门应当及时采取措施，组织力量修复，确保基础测绘活动正常进行。

第 20 条 县级以上人民政府测绘行政主管部门应当加强基础航空摄影和用于测绘的高分辨率卫星影像获取与分发的统筹协调，做好基础测绘应急保障工作，配备相应的装备和器材，组织开展培训和演练，不断提高基础测绘应急保障服务能力。

自然灾害等突发事件发生后，县级以上人民政府测绘行政主管部门应当立即启动基础测绘应急保障预案，采取有效措施，开展基础地理信息数据的应急测制和更新工作。

第 4 章　基础测绘成果的更新与利用

第 21 条 国家实行基础测绘成果定期更新制度。

基础测绘成果更新周期应当根据不同地区国民经济和社会发展的需要、测绘科学技术水平和测绘生产能力、基础地理信息变化情况等因素确定。其中，1：100 万至 1：5000 国家基本比例尺地图、影像图和数字化产品至少 5 年更新一次；自然灾害多发地区以及国民经济、国防建设和社会发展急需的基础测绘成果应当及时更新。

基础测绘成果更新周期确定的具体办法，由国务院测绘行政主管部门会同军队测绘主管部门和国务院其他有关部门制定。

第 22 条 县级以上人民政府测绘行政主管部门应当及时收集有关行政区域界线、地名、水系、交通、居民点、植被等地理信息的变化情况，定期更新基础测绘成果。

县级以上人民政府其他有关部门和单位应当对测绘行政主管部门的信息收集工作予以支持和配合。

第 23 条 按照国家规定需要有关部门批准或者核准的测绘项目，有关部门在批准或者核准前应当书面征求同级测绘行政主管部门的意见，有适宜基础测绘成果的，应当充分利用已有的基础测绘成果，避免重复测绘。

第 24 条 县级以上人民政府测绘行政主管部门应当采取措施，加强对基础地理信息测制、加工、处理、提供的监督管理，确保基础测绘成果质量。

第 25 条 基础测绘项目承担单位应当建立健全基础测绘成果质量管理制度，严格执行国家规定的测绘技术规范和标准，对其完成的基础测绘成果质量负责。

第 26 条 基础测绘成果的利用，按照国务院有关规定执行。

第 5 章 法 律 责 任

第 27 条 违反本条例规定，县级以上人民政府测绘行政主管部门和其他有关主管部门将基础测绘项目确定由不具有测绘资质或者不具有相应等级测绘资质的单位承担的，责令限期改正，对负有直接责任的主管人员和其他直接责任人员，依法给予处分。

第 28 条 违反本条例规定，县级以上人民政府测绘行政主管部门和其他有关主管部门的工作人员利用职务上的便利收受他人财物、其他好处，或者玩忽职守，不依法履行监督管理职责，或者发现违法行为不予查处，造成严重后果，构成犯罪的，依法追究刑事责任；尚不构成犯罪的，依法给予处分。

第 29 条 违反本条例规定，未取得测绘资质证书从事基础测绘活动的，责令停止违法行为，没收违法所得和测绘成果，并处测绘约定报酬 1 倍以上 2 倍以下的罚款。

第 30 条 违反本条例规定，基础测绘项目承担单位超越资质等级许可的范围从事基础测绘活动的，责令停止违法行为，没收违法所得和测绘成果，处测绘约定报酬 1 倍以上 2 倍以下的罚款，并可以责令停业整顿或者降低资质等级；情节严重的，吊销测绘资质证书。

第 31 条 违反本条例规定，实施基础测绘项目，不使用全国统一的测绘基准和测绘系统或者不执行国家规定的测绘技术规范和标准的，责令限期改正，给予警告，可以并处 10 万元以下罚款；对负有直接责任的主管人员和其他直接责任人员，依法给予处分。

第 32 条 违反本条例规定，侵占、损毁、拆除或者擅自移动基础测绘设施的，责令限期改正，给予警告，可以并处 5 万元以下罚款；造成损失的，依法承担赔偿责任；构成犯罪的，依法追究刑事责任；尚不构成犯罪的，对负有直接责任的主管人员和其他直接责任人员，依法给予处分。

第 33 条 违反本条例规定，基础测绘成果质量不合格的，责令基础测绘项目承担单位补测或者重测；情节严重的，责令停业整顿，降低资质等级直至吊销测绘资质证书；给用户造成损失的，依法承担赔偿责任。

第 34 条 本条例规定的降低资质等级、吊销测绘资质证书的行政处罚，由颁发资质证书的部门决定；其他行政处罚由县级以上人民政府测绘行政主管部门决定。

第 6 章　附　　则

第 35 条　本条例自 2009 年 8 月 1 日起施行。

附录3　测 绘 合 同

《测绘合同》示范文本

工程名称：____________________

合同编号：____________________

国家测绘地理信息局制定
国 家 工 商 行 政 管 理 局

定作人（甲方）：______________________　　合同编号：____________
承揽人（乙方）：______________________　　签订地点：____________
承揽人测绘资质等级：__________________　　签订时间：____________

根据《中华人民共和国合同法》、《中华人民共和国测绘法》和有关法律法规，经双方协商一致签订本合同。

第1条　测绘范围（包括测区地点、面积、测区地理位置等）：

第2条　测绘内容（包括测绘项目和工作量等）：

第3条　执行技术标准：

序号	标准名称	标准代号	标准级别

其他技术要求：

第4条　测绘工程费：

1. 取费依据：国家颁布的测绘产品价格标准。

2. 取费项目及预算工程总价款：

序号	项目名称	工作量	单价（元）	合计（元）	备注
预算工程总价款：					

3. 工程完工后，根据实际测绘工作量核计实际工程价款总额。

第5条　甲方的义务

1. 自合同签订之日起______日内向乙方提交有关资料。

2. 自接到乙方编制的技术设计书之日起______日内完成技术设计书的审定工作，并提出书面审定意见。

3. 应当保证乙方的测绘队伍顺利进入现场工作，并对乙方进场人员的工作、生活提供必要的条件。

4. 甲方保证工程款按时到位，以保证工程的顺利进行。

5. 允许乙方内部使用执行本合同所生产的测绘成果。

第6条　乙方的义务

1. 自收到甲方的有关材料之日起______日内，根据甲方的有关资料和本合同的技术要求，完成技术设计书的编制，并交甲方审定。

2. 自收到甲方对技术设计书同意实施的审定意见之日起______日内组织测绘队伍进场作业。

3. 乙方应当根据技术设计书要求确保测绘项目如期完成。

4. 允许甲方内部使用乙方为执行本合同所提供的属乙方所有的测绘成果。

5. 未经甲方允许，乙方不得将本合同标的的全部或部分转包给第三方。

第 7 条 测绘项目完成工期

序号	测绘项目	完成时间	备注

全部成果应于______年______月______日前交甲方验收。

第 8 条 乙方应当于工程完工之日起______日内书面通知甲方验收，甲方应当自接到完工通知之日起______日内，组织有关专家，依据本合同约定使用的技术标准和技术要求，对乙方所完工的测绘工程完成验收，并出据测绘成果验收报告书。

对乙方所提供的测绘成果的质量有争议的，由测区所在地的省级测绘产品质量监督检验站裁决。其费用由败诉方承担。

第 9 条 对乙方测绘成果的所有权、使用权和著作权归属的约定：

第 10 条 测绘工程费支付日期和方式

1. 自合同签订之日起______日内甲方向乙方支付定金人民币______元。并预付工程预算总价款的______%，人民币______元。

2. 当乙方完成预算工程总量的______%时，甲方向乙方支付预算工程价款的______%，人民币　　元。

3. 当乙方完成预算工程总量的______%时，甲方向乙方支付预算工程价款的______%，人民币　　元。

4. 乙方自工程完工之日起______日内，根据实际工作量编制工程结算书，经甲、乙双方共同审定后，做为工程价款结算依据。自测绘成果验收合格之日起______日内，甲方应根据工程结算结果向乙方全部结清工程价款。

第 11 条

1. 自测绘工程费全部结清之日起______日内，乙方根据技术设计书的要求向甲方交付全部测绘成果。(见下表)

序号	成果名称	规格	数量	备注

2. 乙方向甲方交付约定的测绘成果______份。甲方如需增加测绘成果份数，需另行向乙方支付每份工本费______元。

第12条 甲方违约责任

1. 合同签订后，乙方未进入现场工作前，由于甲方工程停止而终止合同的，甲方无权请求返还定金。双方没有约定定金的，偿付乙方预算工程费的30%，人民币______元；乙方已进入现场工作，甲方应按完成的实际工作量支付工程价款，并按预算工程费的______%（______元）向乙方偿付违约金。

2. 乙方进场后，甲方未给乙方提供必要的工作、生活条件而造成停窝工时，甲方应支付给乙方停窝工费，停窝工费按合同约定的平均工日产值（______元/日）计算，同时工期顺延。

3. 甲方未按要求支付乙方工程费，应按顺延天数和当时银行贷款利息，向乙方支付违约金。影响工程进度的，甲方应承担顺延工期的责任，并根据本条第二项的约定向乙方支付停窝工费。

4. 对于乙方提供的图纸等资料以及属于乙方的测绘成果，甲方有义务保密，不得向第三人提供或用于本合同以外的项目，否则乙方有权要求甲方按本合同工程款总额的20%赔偿损失。

第13条 乙方违约责任

1. 合同签订后，如乙方擅自中途停止或解除合同，乙方应向甲方双倍返还定金。双方没有约定定金的，乙方向甲方赔偿已付工程价款的______ %，人民币______元，并归还甲方预付的全部工程款。

2. 在甲方提供了必要的工作、生活条件，并且保证了工程款按时到位，乙方未能按合同规定的日期提交测绘成果时，应向甲方赔偿拖期损失费，每天的拖期损失费按合同约定的预算工程总造价款的______%计算。因天气、交通、政府行为、甲方提供的资料不准确等客观原因造成的工程拖期，乙方不承担赔偿责任。

3. 乙方提供的测绘成果质量不合格的，乙方应负责无偿予以重测或采取补救措施，以达到质量要求。因测绘成果质量不符合合同要求（而又非甲方提供的图纸资料原因所致）造成后果时，乙方应对因此造成的直接损失负赔偿责任，并承担相应的法律责任（由于甲方提供的图纸资料原因产生的责任由甲方自己负责）。返工周期为____天，到____年____月____日完成，并向甲方提供测绘成果。

4. 对于甲方提供的图纸和技术资料以及属于甲方的测绘成果，乙方有保密义务，不得向第三人转让，否则，甲方有权要求乙方按本合同工程款总额的20%赔偿损失。

5. 乙方擅自转包本合同标的的，甲方有权解除合同，并可要求乙方偿付预算工程费30%（人民币______ 元）的违约金。

第14条 由于不可抗力，致使合同无法履行时，双方应按有关法律规定及时协商处理。

第15条 其他约定：

第16条 本合同执行过程中的未尽事宜，双方应本着实事求是、友好协商的态度加以解决。双方协商一致的，签订补充协议。补充协议与本合同具有同等效力。

第 17 条 因本合同发生争议，由双方当事人协商解决或由双方主管部门调解，协商或调解不成的，当事人双方同意仲裁委员会仲裁（当事人双方未在合同中约定仲裁机构，事后又未达成书面仲裁协议的，可向人民法院起诉）。

第 18 条 附则

1. 本合同由双方代表签字，加盖双方公章或合同专用章即生效。全部成果交接完毕和测绘工程费结算完成后，本合同终止。

2. 本合同一式____份，甲方____份，乙方____份。

定作人名称（盖章）	承揽人名称（盖章）
定作人住所：	承揽人住所：
邮政编码：	邮政编码：
联系人：	联系人：
电　话：	电　话：
传　真：	传　真：
E-mail：	E-mail：
开户银行：	开户银行：
银行账号：	银行账号：
法定代表人：	法定代表人：
签字： （委托代理人）	签字： （委托代理人）

参考文献

［1］黄华明．测绘工程管理［M］．北京：测绘出版社，2011.

［2］高海晨．企业管理［M］．北京：高等教育出版社，2003.

［3］国家测绘局职业技能鉴定指导中心．测绘管理与法律法规〔M〕．北京：测绘出版社，2009.

［4］中国建设监理协会．建设工程质量控制［M］．北京：中国建材工业出版社，2004.

［5］中国建设监理协会．建设工程进度控制［M］．北京：中国建材工业出版社，2004.

［6］中国建设监理协会．建设工程合同管理［M］．北京：知识产权出版社，2004.

［7］中国建设监理协会．建设工程投资控制［M］．北京：知识产权出版社，2004.

［8］李正中，王希达，张贵元，等．测绘工程管理［M］．北京：中国华侨出版社，1997.

［9］刘满平．建筑工程测量［M］．北京：中国建材工业出版社，2010.

［10］夏立明，王亦虹．工程项目组织与管理［M］．北京：中国计划出版社，2009.